后浪出版公司

WILD FERMENTATION

发酵完全指南

Sandor Ellix Katz
[美] 桑德尔·埃利克斯·卡茨 著
魏思静 译

风味
营养
和方法

四川人民出版社

献给乔恩·格林伯格（1956—1993）

正是这位与病魔抗争的勇士让我第一次意识到微生物可以是人类的伙伴而非敌人。我对乔恩和所有的怀疑论者、所有质疑权威和主流观念的人致以最高敬意。相信未来，继续创新发酵吧！

前　言

人类从远古时期便开始制作发酵食物，使其能够更长久地保存，并变得更有营养和有助于消化。热带地区的古人喜欢挖洞把木薯放进去，等它变甜变软；北极地区的人喜欢吃发酵后变得像冰激凌一样软绵绵的鱼肉。当时在世界各地，发酵食物都因其健康和美味而备受珍视。

可惜在当今的西方饮食里，发酵食物却乏善可陈。这对我们的健康和经济可不是好事。发酵食物对消化大有裨益，而且能预防某些疾病。再进一步讲，食物发酵从诞生起便是手工操作的，人们对发酵食物的忽略自然加剧了食品工业的集中化和产业化，对小型农村和地区经济很不利。

发酵食物的美味需要我们一步步去发掘和习惯。想来没有多少人能接受爬满虫子的酿豆腐，但这在日本颇受欢迎；还有非洲部分地区特别流行的气泡高粱啤酒，乍一闻你可能觉得它跟胃液没什么区别。不过话又说回来，非洲人大概也没法理解西方那些大块大块散发着腐臭的牛奶制品（我们叫它们“奶酪”）的美妙之处吧。对于吃着它们长大的人来说，这些发酵食物可谓无上的美味。而这其中有不少食物，西方人接受起来也不会太困难。

作为一个伟大的改革者和艺术家，桑德尔·卡茨竭尽全力地用这部杰作去满足人们对真正食材的渴求，以及对生命过程本身的探索欲。发酵食物的妙处不仅在于美味，其准备过程也令人心满意足。成功酿出第一桶气泡茶时的喜悦，尝到第一口自制酸菜时的兴奋，发酵食物的制作会让你的生活更加有滋有味。你会开始对所有造福人类的微小细节心存敬意，从肉眼不可见的生物酶，到牛赠予我们的肉和牛奶。

事实上，发酵的科学和艺术是人类文化的基础：没有培养（culturing），便无文化。那些文化悠久的民族仍然保持了食用发酵食物的传统，例如法国的葡萄酒和奶酪，日本的渍菜和味噌。文化始于农田，而不是歌剧院，文化将人类与自己所劳作的土地联结起来。很多评论家都认为美国是个缺少文化底蕴的民族——只吃罐头、经过巴氏杀菌和防腐处理的食品，我们哪有机会培养起自己的文化？讽刺的是，我们这个高科技下的无菌社会若想拥有伟大的文化，最重要的一步居然是接受细菌，然后像炼金术师一般利用它，抛弃机器，亲手制作出食物和饮料。

本书不仅试图唤回人们对这些古老发酵手法的记忆，更希望带领读者进入一个更好的世界，一个民众健康、经济公平、珍视个人创造力的世界。在今天，天马行空的创造和想象时常被打上“不合时宜”的标签，而这些恰恰是发酵文化里最重要的品质。

萨莉·法伦

声　明

写作这本书让我在最彷徨无助的时候找到了生命的目标和意义。在1999年到2000年间，我感染了艾滋病。我接受了自己随时会死的事实，决定活在当下，尽量不去想未来有多可怕。每健康地多活一天，我都满怀感激。而在写作此书的时候，我感到自己的未来更加宽广了，有了更多的可能性。

我要感谢在过去十年间，当我日益痴迷于发酵事业时，所有鼓励和支持过我的人。我的生活中曾经出现过太多朋友和支持者，他们全力支持我的疯狂实验，忍受着厨房被各种冒着气泡的瓶瓶罐罐占满。我无法在此一一列举他们的名字，但你大概可以在后文里遇见其中的一大部分。我感谢我的每一位邻居，大家都包容着我的一意孤行，给予我无数的关爱和赏识。我尤其要感谢园丁和牛奶工（以及植物和山羊们）的丰厚馈赠。

感谢月影地司考奇谷公司的朋友，特别是邀请我去他们的年度“食品与生活”大会进行发酵讲座的阿什利和帕特里克·朗伍德。我跟热情洋溢的听众分享了一些简单的发酵小窍门，现在回想仍然非常开心。正是那份快乐激励着我把自己印刷的32

页笔记拓展整理成了此书。

这本书是我在第二故乡缅因州长居时写成的。我要感谢爱德华、凯蒂和罗门·卡伦，他们慷慨地让我带着瓶瓶罐罐住进他们的家。爱德华是我的第一个读者，让我倍感欣慰的是，他也从此爱上了发酵食物。他开始坚持只吃酸菜、开菲尔、咸菜、味噌、酸奶和其他几样发酵食物。神奇的是，这竟然治好了他原有的一些慢性病。爱德华对发酵食物的信仰也让我坚定了完成这项事业的信心。

我要感谢切尔西·格林出版社的员工们接纳了这本书。完稿之后，我开始寻找出版社。我在网上搜到了切尔西·格林出版社，没想到我们竟一见如故。第一次见面时，我们便在怀特河汇徒手吃着我自制的泡菜，顺便敲定了合同。当时我就知道自己找对了人。

我要感谢我的家人，他们教会了我太多太多，热爱食物是其中之一。每当我们聚在一块儿时，我们都会大吃大喝。我的奶奶贝蒂·艾利克斯总会给大家做丰盛的饭菜，这是我美食记忆的起点。我妈妈丽塔·艾利克斯传授给我基本的烹饪技巧，让我了解到烹饪是多么的深奥和趣味盎然。我的爸爸乔·卡茨将毕生都奉献给了园艺和厨房。他和我的继母佩蒂·艾丽卡总能在菜园子里做一些别出心裁的事情，我也常常从中获得灵感。我也衷心感谢姐姐丽兹·卡茨和弟弟约翰·卡茨对我的关爱。

我要感谢我发酵路上的导师和同伴们：疯狂猫头鹰博士、

詹姆斯·克里、迈瑞尔·海利斯、赫克特·布莱克、帕特里克·朗伍德、阿什利·朗伍德、西万·图克、汤姆·弗勒里、大卫·J·平克顿、贾斯汀·巴勒德和奈托，他们都与我分享了自己的发酵心得。我还要感谢那些耐心阅读我不断修改的手稿并提出建议的朋友：艾科、奈托、里昂帕德、斯克提·赫朗、莱斯·拉克利、欧奇德、麦克辛·韦斯特恩、斯巴克、巴菲·阿卡什、乔·齐默思、来沃尔·比佛、布克·马克、艾吉、迪迪和塔尼亚·埃霍恩。艾科、斯巴克、韦德、路易斯、卡沙、约翰尼·格林沃尔、乔恩·斯科特和罗拉·海灵顿给我介绍了很多参考书籍和文献；马特和莱欧带我出海去采摘海草；托德·维尔帮我找到了向日葵种子面包的德语配方，克里斯托弗·盖伦又替我翻译成英文；朗·坎贝尔向我分享了他在监狱里进行发酵的故事，是麦克介绍我们认识的；大卫·福德为我朗诵了沃尔特·惠特曼关于堆肥的诗篇；约翰·沃尔提供了他的电脑；G.E.M益生菌公司的贝蒂·斯黛珂梅耶主动找到我，送来她们销售的部分国外发酵食物的小样，还教会了我“感官”（Organoleptic）一词；我像艾丽西亚·斯威格尔斯咨询了意第绪语；杰·谢伦达为我摄影；杰伊·布罗彻尔与我分享了他的图片库；瓦勒莉·卜恰特非常热心，私下给了我不少建议；B·怀廷为我进行了校对。

我要感谢田纳西州伍德伯里亚当纪念图书馆、中田纳西州立大学莫夫里斯波洛分校、纳什维尔范德堡大学、位于缅因州布伦瑞克的柏多恩大学以及伯灵顿的佛尔蒙特大学。图书馆是个非常美好的地方，在写作本书的过程里，时隔15年我重新爱上了图书馆。

感谢你对我的书有兴趣。

目　录

第四章　文化操纵

第五章　蔬菜发酵

第六章 豆类发酵

第七章 奶类发酵及素食者的替代食谱

第十章　酒类发酵（包括蜂蜜酒、苹果西打和姜酒）

第十一章　啤　酒

导　言

文化背景

发酵崇拜地形成

本书是我写给发酵的狂热的情书与赞歌。对我而言，发酵是一种健康的生活方式，一系列的美食艺术，一次多元文化的冒险，一趟灵修之旅，它包罗万象。微生物的流动和生命韵律构成了我每天的日常生活。

有时候我觉得自己像个疯狂的科学家，我恨不能同时进行几十种不同的发酵。有时我觉得自己像个游戏节目主持人："你想尝尝一号罐子里的东西是什么味道吗？你想知道二号罐子里埋着什么吗？"有时我觉得自己像个传教士，孜孜不倦地对所有人讲述发酵食物惊人的疗效。友人们品尝我的发酵品时经常嘲笑我对发酵的忠诚与狂热。我朋友奈托甚至为此写了一首诗：

来吧朋友，请你听我说，
我会给你解释酒和啤酒间的神奇联系，
还有酸面包、酸奶、味噌和酸菜，
它们都是什么呢？它们有何共同点？
伟大的微生物，
伟大的微生物啊……

发酵总是无处不在。每天，微生物都在创造奇迹。细菌和真菌（包括酵母和霉菌）存在于我们的每次呼吸，每次咀嚼。很多人试图用杀菌肥皂、抗真菌乳霜和抗生素来隔绝细菌的侵袭，但我们没法摆脱它们。它们无处不在，推动着生命的变化，以衰败为食，让生命不断地从一个奇迹流转到下一个奇迹。

就像消化和免疫一样，微生物培养是生命所必需的。我们人类跟这些单细胞生命体是共生关系。我们常称它们为菌群。它们能够将食物分解为人体可以吸收的营养物质，保护我们的机体免受潜在危险的伤害，并教会我们的免疫系统如何运作。我们不只依赖菌群，我们还是它们的后代，从化石记录来看，地球上所有的生命体都起源于微生物。微生物是我们的祖先和同伴。它们令土壤肥沃，是生命周期里不可或缺的一环。没有微生物，就不会有其他生命诞生。

某些微生物能在食材上创造出惊人的变化。这些微小到肉眼不可见的生物，却给我们带来了丰富多彩的滋味。我们最主要的几样食物，大多数来自发酵，例如面包和奶酪，我们最喜欢的一些小吃也要感谢发酵，例如巧克力、咖啡、葡萄酒和啤酒。世界各国都有其特色的发酵食物。发酵的过程让食物更易于消化和有营养。原汁原味、未经高温消毒的发酵食物还会给我们的消化系统带来益生菌，它们与我们的身体共生，分解食物，帮助消化。

在本书中，我会介绍制作多种发酵食物和饮品的基本方法。我花了10年时间全身心地探索和试验各种发酵方法，我想把我学到的分享给大家。我并不是专家，专家可能会发现我的某些技巧非常原始，它们也确实如此。发酵很简单，任何人都能在任意地点用最简单的工具来完成它。人类进行发酵的历史比我们学会书写和耕地的时间还要长。发酵不需要高深的知识或是精密的仪器。你不用是精通各种微生物及其活动原理的科学家，或是维持无菌环境和绝对温度的技术员。你只要在自己的厨房里就能轻松搞定一切。

本书着眼于食材基本的变化过程，也就是在适宜的条件下让菌类自然繁殖。发酵可以很简单。很多发酵方法都是人类的祖先代代相传下来的，这些方法让我觉得自己跟自然还有先人们都是联系在一块儿的，正是祖先们睿智的观察让我们能从发酵中受益。

要说我为什么对发酵如此痴迷，大概要先追溯到我的味蕾。我一直都非常喜欢腌菜和酸泡菜。我是犹太人的后代，我的祖先来自波兰、俄国和立陶宛。各种酸菜和它们的味道早已融入我的血液里。在意第绪语中，这些酸菜被称为“佐耶斯”(Zoyers)。东欧菜（以及世界上很多其他地区菜系）的特点之一，就是发酵的酸味。这一口味又被带入了我生长的纽约。我们住在曼哈顿的上西区，离我家两个街区的地方有家很有名的餐厅叫“萨巴斯”。我的家人们会定期去那里买“佐耶斯”。我最近还了解到，立陶宛有崇拜腌菜之神“罗格西斯”的传统。虽然我们家从几代之前便离开了东欧，我的味蕾仍然还是“罗格西斯”的子民。

在发酵之路上，我生活圈里的美食家、评论家、哲学家和发酵爱好者们都给了我很多鼓励和帮助。

能生活在如此美丽的森林里，我觉得自己非常幸运。这块土地滋养着、培育着、教化着我。每天，都能喝到来自大地深处的泉水，以采摘野生的植物为食，用亲手种出的有机的蔬菜和水果在我们的社区厨房里精心制作菜肴。我们远离主流社会的基础设施和服务，自给自足。庆幸的是，我们的森林还没被电线杆侵袭过。我们用太阳能发电，我敲出这些内容时，电脑也正在使用太阳能电力。

这种一切靠自己动手的生活方式和伙伴们对食物的热情促使我在10年前开始学做酸菜。我在谷仓里找到一个旧罐子，又从菜园子里采摘了白菜。我把白菜剁碎，腌渍，然后就是等待。我至今还记得第一罐酸菜的味道，如此鲜活、有生命力，如此营养丰富！它的酸爽令我口水四溢，从此我就迷上了发酵。从那以后，我不停地做酸菜。即使后来会做的腌菜越来越多，我也没放下酸菜。我甚至得到了“酸菜桑德尔”的外号。学会酸菜之后，我发现菜园子里的山羊能源源不断地给我提供奶源，做酸奶和奶酪简直易如反掌。随后，我又学会做酸面包、啤酒、葡萄酒和味噌。自此，咕嘟咕嘟冒着气泡的坛子们常住在了我们的厨房里。这些东西有的一夜就能制成，有的要等上数年，还有的需要我时不时地往罐子里添加新材料、翻搅，让罐子里的微生物在充足的营养环境里不断繁殖，再反过来滋养着我们。

营养对我来说极度重要。我感染艾滋病，所以我的身体必需始终保持最强的抵抗力和恢复能力。发酵食品给我提供了充足的营养，我像吃药一样定期吃发酵食品。发酵食品不只营养丰富，它们还能预防某些疾病，提高身体免疫力。我曾经坠入痛苦的深渊，又奇迹般地恢复了。感谢我身体的痊愈能力，能够相对健康地活到今天，我真的是非常非常幸运。我服用了抗病毒药物，但还有很多其他因素帮我重拾活力，并缓解药物副作用带来的肠道不适，发酵食物就是其中之一。发酵食物对健康显而易见的裨益让我对它愈发投入。

根据韦伯斯特的说法，“物神”（Fetish）就是任何“具有魔力”并值得被“迷恋和崇拜”的事物。发酵神秘又有魔力，我深深地迷恋着它。我已沉迷于这个神秘的物神（并且肆意放纵自己）。本书就是我发酵崇拜的产物。发酵对我来说是一段珍贵的探索之旅，现在我诚挚地邀请你与我共同踏上这段咕嘟嘟冒泡的奇幻之旅。这条路已经被走过上千年，如今却因为现在食品工业的高速发展而被遗忘在时间和空间之外。

第一章

文化复兴

发酵食品的益处

发酵食物和营养都可以用一个词形容——鲜活。它们的味道往往强烈而独特，比方说臭臭的成熟干酪、刺鼻的酸菜、浓郁的味噌和顺滑的葡萄酒。人类一直都很喜欢这些在微生物作用下形成的独特味道。

发酵的一大优点是能让食材保存更久。发酵过程中会产生酒精、乳酸和醋酸，它们都是天然的生物防腐剂，能够保留食材中的营养成分，并防止其腐坏。蔬菜、水果、牛奶、鱼类和肉类都很容易腐坏，为了贮存它们，我们的祖先创造了各种各样的技术。库克船长，这位曾拓展了大英帝国版图的18世纪冒险家，就通过携带大量酸菜航行成功抗击了船员中的坏血病（维生素C缺乏症），他的创举得到了英国皇家学会的认可。[①]在18世纪70年代，他带着6大桶酸菜进行了第二次环球航行，足足吃了27个月，期间没有一个船员患上当时堪称“船员杀手”的坏血病。[②]

库克在征程中的发现之一就是夏威夷群岛（为了纪念赞助人，库克称它们为三明治群岛）。有意思的是，在库克船长到来的一千多年前，波利尼西亚人同样也是带着一种发酵食品经过漫长的航程后登陆了夏威夷群岛，他们携带的是“波伊”(Poi)，一种芋头泥粥，至今仍流行于夏威夷和其他南太平洋岛屿上。[③]

发酵不只能保存营养成分，还能将其分解为更容易消化的形式。豆子就是个很好的例子。若不经发酵，这种高蛋白质食物很难被我们消化。发酵会把豆子中丰富的蛋白质分解成更容易被人体吸收的氨基酸。很多传统的亚洲食物都是经由豆子发酵而来，例如味噌、豆豉和酱油，现在它们也成了现代西方素食菜肴里的主要食材。

---

① 苏·舍佛德：《腌渍、装瓶和封罐：食物保存艺术与科学如何改变世界》，西蒙与舒斯特出版社，2000，210页。

② 克劳德·奥博特：《传统发酵食物》，生态环境中心，1985。被引用于萨莉·法伦《营养传统》，新潮流出版社，1999。

③ 苏·舍佛德：《腌渍、装瓶和封罐：食物保存艺术与科学如何改变世界》，西蒙与舒斯特出版社，2000，129页。

同样，牛奶对很多人而言也较难消化，主要原因在于很多人乳糖不耐。乳酸杆菌（奶制品在发酵过程中产生的一种细菌）会把乳糖分解成更易消化的乳酸。类似的例子还有，经过发酵的小麦制品也比未经发酵的麦子更容易消化。《营养健康》期刊登载的一篇论文曾对比了未经发酵和经过发酵的大麦、扁豆、奶粉和番茄酱混合物，结论是以上食物发酵后的淀粉消化率是其未经发酵时的两倍。[①]美国食品与农产品联盟一直积极推动发酵食物成为全世界人民营养的重要来源，该组织提出发酵能够提高食物中矿物质的生物利用率。[②]《永续农业手册：发酵与人类营养》作者比尔·莫里森称发酵为食物的“预消化形式”。[③]

发酵也会创造出新的营养物质。微生物在生命活动里会创造出维生素B，包括叶酸、核黄素、烟酸、硫胺素和生物素。(发酵过程还经常产生维生素B_{12}，植物来源的食物中缺乏该维生素；然而，当今的检测技术显示发酵大豆和蔬菜中的B_{12}实际上只是无活性的“类似物质”。维生素B_{12}只能够从动物制品中摄取，也就是说纯素食者必须通过补充剂来获得B_{12}，但其效果

---

① R·宾塔，N·科塔保尔：《益生菌发酵：对本地培育食物混合物中淀粉及蛋白质的抗营养素及消化率的影响》，《营养健康》，1997（11）。

② 联合国粮食及农业组织：《发酵谷物：全球视角》，《农业服务简报》，1999（138）。

③ 比尔·莫里森：《永续农业手册：发酵与人类营养》，塔加里出版社，1993，20页。

是充满争议的。）[1]

部分发酵物被证明具有抗氧化剂的作用，可以消除人体细胞中致癌的“自由基”。[2]乳酸杆菌可产生细胞膜和免疫系统必不可少的Omega-3脂肪酸。[3]某发酵食物营养剂的广告里宣称“发酵过程产生了大量的天然成分，例如超氧化物甲酸灵、葡萄糖耐受因子铬、解毒化合物谷胱甘肽、磷脂、消化酶和β1，三聚糖。[4]这些专业名词看得我眼花缭乱。其实我们不需要化学分析来告诉我们什么食物有益健康。只要相信你的本能和味蕾即可。各种数据得出的结论不过一句话：发酵会使食物更有营养。

发酵还能消除食物中的毒素，一个生动的例子便是木薯。木薯是美洲、亚洲和非洲热带地区人民的主食之一。某几种木薯中含有大量有毒氰化物，须经浸水发酵才能消除。发酵过程不但会带走氰化物，还能让木薯变得更好吃和有营养。

当然，不是所有食物中的毒素都像氰化物这么可怕。所有的谷物里都含有一种名为植酸的化合物，它会阻碍锌、镁、铁、钙等矿物质的吸收，导致人体缺乏矿物质。将谷物浸水发酵便

---

① 维克多·赫伯特：《维生素B_{12}：植物来源、需求与化验》，《美国临床营养》1988（48），852–858页。

② L·A·圣地亚哥，M·平松，A·森：《日本豆酱味噌清除自由基并抑制脂质过氧化》，《营养科学与维生素学》，1992（38）。

③ S·本马克：《免疫营养：生物表面活性剂、纤维和益生菌的作用》，《营养健康》，1998（14），7–8页。

④《新时代健康报告》，2000。

能中和植酸，令谷物更有益健康。[①]而其他食物中有害的化学物质例如亚硝酸盐、二恶烷、草酸、亚硝胺和葡糖苷等，也能在发酵过程里得到有效降低或消除。[②]

食用发酵食物对健康大有裨益，它能直接给你的消化道提供其所必需的活菌，分解食物，促进营养吸收。你吃进嘴里的发酵食物不一定都是活性的。有些食物天生就不含有活菌。比方说，面包必须经过烘焙，此过程中微生物便被杀死了。但是很多发酵食品都能被视为活的，尤其是含有乳酸杆菌的食物，而活着是食物最有营养的状态。

若仔细读商品说明，你会发现一个事实：很多市售发酵食品都经过了巴氏杀菌，也就是说这些食品曾被加热到足以杀死微生物的温度。尽管酸奶以其丰富的益生菌著称，但是很多酸奶品牌都进行了巴氏杀菌，杀死了大部分益生菌。只有那些在标签里注明了“含有活菌”的酸奶才保持着活性。市售酸菜大多数也经过了高温处理，并用罐头封装以延长保质期，但这牺牲了其中有益健康的微生物。味噌也有以干燥、毫无生机的粉末状出售。如果你想在我们这个一切以方便优先、高度追求安全的时代找到活性的发酵食物，那你要么努力搜寻一番，要么

---

① 萨莉·法伦在《营养传统》一书452页谈到了植酸，该观点在保罗·皮奇佛德的《全食疗养》一书的184页中得到了印证。

② 比尔·莫里森：《永续农业手册：发酵与人类营养》，塔加里出版社，1993，20页。

就自己动手制作。

通过促进消化，活性发酵食物能有效预防我们罹患某些消化系统疾病，例如腹泻和痢疾。活性发酵食物甚至能够提高婴儿的存活率。科学家在坦桑尼亚进行的一项研究对比了不同喂养方式下婴儿的死亡率，一组进食了发酵过的“断奶稀粥”，一组进食的是未经发酵的。前者出现腹泻的情况只有后者的一半。[①]乳酸杆菌的发酵能够抑制引起腹泻的某些细菌，例如志贺氏菌、沙门氏菌和大肠杆菌。[②]而《营养健康》期刊的另一项研究报告则表示，微生物繁殖可预防疾病的原因在于乳酸杆菌会“与细胞黏膜表面的潜在病原体竞争”，并由此提出了“生态免疫营养”的治疗策略。[③]

我喜欢这个长长的词“生态免疫营养”(Ecoimmunonutrition)。它认可了有机体的免疫系统在生态环境中发挥的作用，这个生态系统由各种不同的微生物构成，而人类可以通过改变进食来构建和发展这个生态系统。作为一个艾滋病患者，我永远摆脱不了免疫系统这个词。我并不是说发酵食物能治愈艾滋病，也不认为活性发酵食物能够治愈任何癌症或其他疾病。我不相信这世上有万能药。但是，的确有大量医学研究证实了发酵食物

① D·格瑞斯·琼斯等：《微生物探索》，查普曼与豪尔出版社，1993。

② R·宾塔，N·科塔保尔：《益生菌发酵食物混合物：在临床抗腹泻上的应用可能》，《营养健康》，1998（2）。

③ S·本马克：《免疫营养：生物表面活性剂、纤维和益生菌的作用》《营养健康》，1998（14）。

在抗癌和抵御其他疾病上的作用。《生命之桥：益生菌与长寿秘诀》一书中介绍了上百个曾刊登于专业医学与科学期刊上的研究。这些文章都肯定了有机体的发酵能够帮助我们对抗疾病。

微生物共存

我们的文化异常惧怕细菌，又过分重视卫生。我们对病毒、细菌和其他微生物听闻越多，就越怕与任何微生物接触。每个新出现的致死微生物都让我们有更多理由保持警惕。抗菌肥皂在美国迅速流行就足以说明一切。20年前，制药行业高管灵光一现，开始大肆营销抗菌肥皂。很快，它就变成了洗手产品的标配。那么从此之后得病的人就变少了吗？美国医疗协会科学部主席麦伦·吉乃尔博士表示："没有证据表明抗菌肥皂对健康有任何帮助。我们有理由怀疑它们反而会导致抗生素耐受性细菌的出现。"[①]抗菌肥皂只不过是商家们利用人们的恐惧心理而开发出来的一种具有潜在风险的商品罢了。

这些肥皂里的抗菌成分大多是三氯生，它只能杀死最易受影响的细菌，但是没法杀死那些生命力更强的细菌。图福特大学适应遗传学和耐药性研究中心主任斯图尔特·莱维博士认为，"这些存活下来的微生物里可能会包括细菌……这部分细菌以前没有立足之地，但是一旦竞争对手被杀死了，它们就能大量繁

① BBC在线新闻，2000年6月16日。

殖了。”[1]你的皮肤，你的办公室和你家里所有的表面都被微生物覆盖着，它们能帮你（和它们自己）对抗潜在的有害微生物。不断增多的抗菌物质杀死你周围和你体内的微生物，会降低你身体的抵抗力。

微生物不只通过与有潜在危险的有机体竞争来保护我们，它们还教会我们的免疫系统如何工作。以色列威兹曼科技公司的伊伦·R·科恩博士认为“免疫系统像我们的大脑一样，要在经验里学会如何运行”。[2]如今，有越来越多的研究发现支持“卫生假说”，即由于缺乏接触土壤和水源里的多种微生物的机会而导致哮喘、过敏等疾病的发病率急剧上升。“我们生活得越干净……我们患上哮喘和过敏的概率就越高。”纽约阿尔伯特·爱因斯坦医学院过敏与免疫学院主任大卫·罗森斯特伦齐博士说。[3]

最近的炭疽攻击事件放大了人们对细菌的偏执和对生物战争的恐惧。2001年的《互联网上的家用与个人产品》显示：“普遍的疾病恐惧，特别是炭疽恐惧，令消费者更加慎重地对待清洁……预计抗菌清洁剂的销售额将飙升。”[4]

---

① 简·布罗迪：《细菌恐惧症可能会损害健康》，《伦敦自由报》，2000-6-24。

② 西里·卡朋特：《现代清洁剂的肮脏把戏：无菌生活可能会破坏免疫系统平衡》，在线科学新闻，1999-8-14。

③ 微软全国广播公司节目，2001年5月23日。

④ 梅兰妮·马奇：《新态度：正视肥皂》，互联网上的家用与个人产品（www.happi.com），2001-12-13。

卫生意识很重要，但我们不可能完全与微生物隔离。它们无处不在。1976年的电影《无菌罩内的少年》便讲述了一个天生患有免疫缺陷、只能在无菌环境里生存的年轻人的悲惨经历。这个男孩由名声大噪前的约翰·特拉沃尔塔扮演，他生活在一个密封的灭菌房间里，只能透过屏障与他人交流。他会定期穿着像太空服一样的外套从房间里出来。在这个无菌的笼子里，他生活得无比孤独与悲伤。最终他选择离开牢笼，短暂地过上了正常生活，即便不久便死于致病微生物。这个流行文化寓言旨在说明人不可能也不希望完全与生活里的生物危险隔离。

大部分西方化学药物旨在消灭致病微生物。拿我的艾滋病抗病药物来讲，它的治疗策略叫作“高度活跃的抗反转录病毒疗法”。我从这些高科技的药物治疗里获益良多，并无立场去质疑它的价值。但我坚信微生物战争并非可持续的做法。“细菌不是病菌，而是地球上所有生命的‘种子’和‘纤维’。”斯蒂芬·哈罗德·班纳在《植物遗失的语言》里写道：“对细菌发起战争，意味着我们对自己生存的星球、我们肉眼可见的所有生命形式，甚至是对我们自己发起了战争。”①

健康和机体平衡要求人类与微生物共存。细菌统计学家曾经指出一个很简单的事实：每个人的身体上大概寄生着一百兆

① 斯蒂芬·哈罗德·班纳：《植物遗失的语言》，切尔西·格林出版社，2002。

细菌，“这些微生物与宿主间有着复杂的交流”。[1]人类和所有其他的生命形式都由这些微生物进化而来。离开它们，我们便无法生存。“自然似乎会最大化目标的互相合作和互相协调”。民族植物学家特伦斯·麦肯纳写道：“成为共同环境里不可或缺的生物——这就是物种确保繁殖成功和继续生存的策略。”[2]

内共生学说将进化创新视为共生的结果之一，把所有生命的来源追溯到原核生物，即不存在核膜的细胞。细菌是原核生物。它们的遗传物质在细胞里自有漂浮。“来自流体介质、其他细菌和病毒，或是别的地方的基因都会自行进入细菌细胞。”生物学家林恩·马古利斯和卡林·V·施沃兹写道。[3]原核生物能够将所在环境中的基因并入自己体内，从而同化遗传特征。它们先是进化为真核生物（有核膜的细胞），而今进化为复杂的有机体，例如我们人类。但是它们后来从没离开过自己；它们总是跟我们在一起。

我的科学家朋友乔恩·基门斯对我解释道，“原核生物是人体的系统工程师。”他刚刚从加利福尼亚大学获得了营养学的博士学位。在我们的身体内部，尤其是在我们的内脏之中，原核

---

① 玛丽·艾伦·山德斯的《针对利用益生菌调节人类健康的思考》，论文发表于1999年实验生物学研讨会。

② 特伦斯·麦肯纳：《神之食物》，班坦姆，1992，41页。

③ 林恩·马古利斯，卡林·V·施沃兹：《五王国》，W·H·弗里曼有限公司，1999，14页。林恩·马古利斯，热内·菲斯特等：《内共生学作为革命性创新来源之一》，麻省理工出版社，1991。

生物能够吸收我们作为有机体运行的遗传信息；它们是我们知觉体验里完整的一部分。乔恩如是说："我们进食，于是我们了解。"人类跟各种各样的微生物是互惠和互相依存的关系。我们是共生的，不可分割的，我们以一种远超人类理解能力的复杂模式交织在一起。

微生物多样性与自然融合

吃各种各样的发酵食物能促进你体内微生物多样性的发展。微生物多样性对大型生态系统的重要性日益受到重视。地球与其所有居民共同构成了一个无缝的生命矩阵，互相联系并互相依存。物种的大量灭绝给我们敲响了警钟，地球的生物多样性正在丧失。而人类的生存离不开生物多样性。

微生物层面的生物多样性同样重要。我们称之为微生物多样性。你的身体是一个生态系统，必须依靠各种各样的微生物才能有效运转。当然，你可以购买益生菌营养补充剂，它一般含有某些有助于消化的细菌。

但是发酵食物和饮品能为你的体内环境带来更多天然的微生物，让你与周身自然界的生命相连更紧密。你跟这些微生物们分享着食物和消化道，所有的这些构成了你的环境。

自然发酵能令你的身体与自然融合，你成了自然界的一部分。天然的食物，例如发酵食品，都有原始而强大的生命力，它能帮我们适应变化的环境，降低患病概率。这些微生物无处不在，利用它们进行发酵的技术简单又灵活。

活性发酵食物能令我们健康长寿吗？不少文化里的民间传说都认为长寿跟酸奶和味噌等食物有关。很多研究者已经发现了科学依据来支持这种联系。俄罗斯免疫学先锋及诺贝尔奖得主伊拉·梅契尼科夫研究了20世纪初巴尔干地区食用酸奶的百岁老人们后，认为乳酸杆菌能够“延年益寿”。[①]

我个人并不倾向于把长寿和健康的秘诀归于任何一种产品或行为。生命由很多变量构成，每个生命都各不相同。但可以确定的是，发酵食品的确有助于长寿和人体健康。发酵的方法千变万化，在世界的不同地区，发酵有上千种不同的方式。但当你把本书读下去，你就会发现要从发酵食物与饮品中汲取营养和治愈力量是多么容易，毕竟人类数千年前就已经乐在其中了。

---

① 伊拉·梅契尼科夫：《生命的延长：乐观研究》，P·查默斯·米歇尔译，G·P·普南姆的儿子们，1908。

第二章

文化理论

人类与发酵现象

人类在诞生之初就发现了发酵的神奇力量。蜂蜜酒“米德”（Mead）被认为是最古老的发酵饮料。考古学家认为人类在会耕种之前便懂得采集蜂蜜。发现于印度、西班牙和南部非洲的洞穴壁画也证明人类早在一万两千年前的旧石器时代就开始采集蜂蜜。

史前时期的洞穴壁画展现了采集蜂蜜的场景

不知是有意还是无意，古代人采集

的蜂蜜里混进了水，发酵便由此开始了。尘埃中的酵母会落入甜蜜又营养丰富的蜂蜜水。纯蜂蜜是天然防腐剂，会抑制微生物生长，但被水稀释的蜂蜜反而会成为酵母的助力，加速其繁殖。伴随发酵产生的大量气泡。不久之后，蜂蜜水就会变成蜂蜜酒。

在微生物的作用下，蜂蜜的糖分变成了酒精和二氧化碳。

玛格罗恩·涂尚特-萨迈特曾经对蜂蜜酒进行了深入的调查，并在《食物史》中写道："蜂蜜的孩子，神的饮料，蜂蜜酒曾经广泛流传。它可以说是所有发酵饮料的祖先。"[①]我们每个人大概都有一位先人曾喝过蜂蜜酒。蜂蜜酒的制作不需要火，它可能在人类发现火种之前便存在了。我忍不住想象，先祖们在树荫下喝下第一口蜂蜜酒的那个时刻是多么神圣与庄严。他们有没有被泡泡吓一跳？或者对它们充满好奇？他们肯定在尝到蜂蜜酒的瞬间就爱上了它，然后狂饮不止。然后他们第一次体验到飘飘欲仙的感觉。他们肯定会觉得这是神的赏赐。

考古学家与文化理论家克劳德·莱维-斯特劳斯认为蜂蜜酒的制作标志着人类从蛮荒状态进入了文明。他以空心树为例来解释这种转变："空心树是蜂蜜的容器，如果蜂蜜是新鲜的并被密封其中，它便是自然的一部分；但如果蜂蜜并非天然出现在空心树里，而是被人为地放入了挖空的树干中进行发酵，它就

---

① 玛格罗恩·涂尚特-萨迈特：《食物史》，安西亚·贝尔译，布莱克威尔出版社，1992。

是文化的一部分。”[1]人类学会了发酵酒精饮料的技术，并由此体验到意识改变的奇异状态，这是人类文化的定义特征之一，而这一切都要感谢酵母不声不响的生命活动。“我们大概可以确定，”斯蒂芬·哈罗德·班纳在《神圣的草本啤酒》一书中写道，“人类的发酵知识是在人类文化中独立形成的，每个文化都把发酵的出现归因于神迹，而人类对发酵的使用与我们这一物种的发展息息相关。”[2]

很多文化的口述故事、神话传说和诗歌里都记录了发酵带来的状态变化。居住于墨西哥北部、亚利桑那州南部的索诺拉沙漠中的帕帕戈人会用仙人掌的果实制作一种叫“提斯文”的发酵饮料。班纳在书里引用了帕帕戈人喝“提斯文”时唱的民谣：

头晕在跟着我，

它越来越近了，

啊！但我喜欢它。

它从远方来，

它在平原上制住了我。

① 克劳德·莱维–斯特劳斯：《蜂蜜到灰烬》，约翰·威特曼，多林·威特曼译，哈珀与罗尔出版社，1973。

② 斯蒂芬·哈罗德·班纳：《神圣的草本啤酒》西里斯出版社，1988，141页。

我的眼前一片眩晕。
我看到它高高在上。
但我真的喜欢它。
它们将我带向远方。
它们让我飘飘欲仙。

我坐在灰山的脚下，
酩酊大醉。
我想纵情高歌。[①]

很多文化都会把这种飘飘欲仙的快感归功于酒精发酵。在弗里德里希·尼采的眼中，“所有原始民族的赞美诗”[②]都来自酒醉。数千年来，不同民族都曾将蜂蜜酒、葡萄酒和啤酒视为神圣之物。虽说禁酒制度在历史上长期存在，但人们对酒精的崇拜也从未停止，人们赋予了酒精发酵重要的象征意义，并将美酒供奉给神灵。

面包和啤酒的象形文字

将近五千年前，苏美尔人就懂得酿制啤酒，并供奉啤酒之神“宁卡西”

① 斯蒂芬·哈罗德·班纳：《神圣的草本啤酒》，西里斯出版社，1988，81–82页。
② 弗里德里希·尼采《悲剧的诞生》W·A·豪斯曼译，麦克米兰图书，1923，26页。

(Ninkasi)，这个名字的意思是“填满我嘴巴的人”。[①]埃及人将装满葡萄酒和啤酒的大陶瓷罐同皇室的木乃伊一起安葬在金字塔中。在《亡灵书》里，埃及人祈求“面包和啤酒的提供者”能够保佑死者。[②]玛雅人在葬礼上用一种名为“博齐”(Balche)的蜂蜜发酵饮料灌肠，以最大限度地实现其效果。犹太人的传统里，人们会喝着圣洁的葡萄酒反复念诵“向葡萄树的创造者祈福”。

而其他形式的发酵似乎都是伴随着人类文明的脚步，与农作物耕种和动物驯化一同发展而来的。“Culture”一词的含义如此广泛并非偶然。它起源于拉丁单词“Colere”，意思是“培育”。人类对发酵文化的培育绝不少于农作物和动物，也不亚于任何“社会行为、艺术、信仰、组织和所有其他人类思想和劳动的成果”，它们集体构成了字典里“Culture”这个词条的含义。[③]人类的各种文化是密不可分的。

游牧民族驯养各种动物——牦牛、马、骆驼、绵羊、山羊和牛——观察它们如何产生乳汁，并学会了发酵和凝固奶水，以扩展它们的用处。不知是不是巧合，未经高温消毒的奶会快速发酵。乳酸杆菌把乳糖转化为乳酸，令奶类产生酸味并分离，

---

① 所罗门·H·凯兹，弗瑞兹·梅泰格：《酿造与古代啤酒》，《考古学》，1999（7/8），30页。

②《亡灵书》，E·A·沃利斯·布吉译，多佛出版社，1967，23页。

③ 参考《美国遗产词典》，2000年版。

乳清凝结，变成更稳定和易储存的乳制品。

最终，人们研究出了谷物发酵的技术。谷物粥或是面团会难以避免地发酵。将面粉（或任何形式的任何谷物）与水混合，便能引来酵母和细菌，实现发酵。面包和啤酒都诞生于谷物发酵，历史学家们就二者谁先诞生争论不休。传统派认为人类耕种谷物是为了生产稳定、可储存的食物。但另一种假设提出了一个文化悖论：对于吃饱的一群人来说，啤酒难道不比单纯的食物更有吸引力吗？[①]无论如何，人类文明的起始都离不开发酵。谷物发酵技术与农耕文明的发展并驾齐驱。

完美现象中的科学难题

尽管很多民族在历史上都视发酵为一种魔力，但西方的传统科学很长时间都弄不懂其中的原理。至少从罗马时期开始，老普林尼等自然历史学家就描述了他们称之为“自然发生”的现象。自然发生理论是指某种生命形式无父母而产生。

但在他们眼中，从发酵里“自然发生”的不只是气泡。直到17世纪末期，科学家们还一本正经地试图说明老鼠的“自然发生”，范·海尔蒙特写道：“如果用一件脏衬衫封住一个装满小麦的容器，这件脏衬衫的发酵不会改变小麦的气味，但是大

---

① 所罗门·H·凯兹，弗瑞兹·梅泰格：《酿造与古代啤酒》,《考古学》，1999（7/8），26页。

约21天后，它会促使谷物向老鼠转化。”[1]他还写过一个制作蝎子的配方，在砖头上凿一个洞，填入干燥的罗勒，然后将其放在阳光下即可。

范·海尔蒙特正在利用脏衬衣和麦子创造老鼠的时候，荷兰人安东尼·列文虎克在1674年用自己制作的显微镜第一次发现了微生物：

> 我现在能清楚地看到这些小鳗鱼或是虫子躺在一起，蠕动着；这幅景象就像你用肉眼在水里见到了一大堆鳗鱼，它们彼此挤压着，这些各种各样的微型动物和它们所处的水域似乎都是活的。在我见过的所有自然界的奇迹中，这是最为神奇的一幕。我必须说，再也没有比亲眼见到这成千上万个活着的微生物更令人愉悦的事情了，它们拥挤在一个小水滴里，游来游去，每个生物都有自己的运动方式……[2]

同一时期，法国哲学家勒内·笛卡尔也提出了一个革命性的观点：所有的自然现象都可以归结为机械运动。就此，科学进入了一个用因果机制解释自然现象的时期。到了18世纪和19

---

① 帕特里斯·杜布瑞：《路易斯·巴斯德》，艾伯格·福斯特译，约翰·霍普金斯大学出版社，1998，95页。

② 丹尼尔·J·博思廷：《发现者：人类了解自身与世界的历史》，兰登出版社，1983。

世纪，化学兴盛起来，化学还原论开始大行其道。还原论认为所有的生理过程最终会还原成一系列化学物质反应。这个时期的化学家们驳斥了活生物体“逆行”引起发酵的观点。[①]

此时化学家们借助显微镜观察到了“微型动物”，却固执地不承认它们的重要性，还精心构建了各种理论来解释它们。例如化肥奠基人，19世纪的化学家尤斯图斯·冯·列贝格就坚信发酵是一种化学过程而非生物运动过程。冯·列贝格认为酵母在发酵过程中的重要性在于其死后会变质。他在1840年的论文中写道：“酵母死去的、丧失活性并正在变质的部分能够对糖产生作用。”[②]

路易斯·巴斯德和微生物学的新进展

随后，法国化学家路易斯·巴斯德也对发酵过程中的秘密产生了兴趣。当时，里尔一家用甜菜根酿酒的酒厂始终被出品的不稳定所困扰，于是老板的儿子便进入了巴斯德的课堂进行学习。对甜菜根发酵进行了系统研究之后，巴斯德很快便确信发酵是一种生物过程。1857年4月，巴斯德发表了自己首篇关于发酵的论文《乳酸发酵笔记》，他在其中写道：“发酵与生命

---

① 帕特里斯·杜布瑞：《路易斯·巴斯德》，艾伯格·福斯特译，约翰·霍普金斯大学出版社，1998，95页。

② 贾图斯·凡·列贝格：《有机化学手册》，1840。

活动密切相关，是很多小球体的产物。”[1]巴斯德通过加热甜菜汁破坏了能自然产生乳酸的微生物，由此解决了酿酒厂的难题。这种高温杀菌的方式日后在被广泛应用在牛奶储存中，它就是巴氏杀菌法。

巴斯德的发现推翻了当时化学界的主流观点，他从此变成了一个科学斗士。他用余生来研究微生物的生命循环，并催生了整个微生物研究领域。巴斯德的写作用词非常生动。他用成功培育出的酵母质疑了自然发生论，并称之为“无差别的生物发生说”。通过显微镜观察酸啤酒时，巴斯德发现丁酸和某些活动的微生物会同时出现，当巴斯德首次把这些微生物从酵母中区分出来时，他给它命名为“丁酸弧菌”。

巴斯德的研究受到了当时学院派化学界的强烈反对，但是他的种种创新理论却很快被利用在新兴的发酵工业里。

巴斯德的发现催生了大批发酵食品和饮料。人类已经靠自然赐予的知识和酵母享用这些食物上千年了，食用过程中还常常伴随着祈祷、仪式和拜神。如今，人类不再祈祷，而能借助精确的科学数据大批量地生产这些食物。

微生物学的发展驱使西方人在微生物领域里进一步探索。他们意识到，正如自然里的其他物种和人类的其他文明，微生物也必须被他们所支配和利用。《细菌与生活》便深刻地体现了

---

① 帕特里斯·杜布瑞：《路易斯·巴斯德》，艾伯格·福斯特译，约翰·霍普金斯大学出版社，1998，101页。

这种态度，该书出版于1908年，正处于巴斯德的研究之后和抗生素药物发明之前：

> 人类的探索欲驱使我们进一步研究细菌和其他微生物。如果它们威胁到我们的生命健康，我们就必须学会自我保护。我们必须学会如何摧毁它们或是去除其害处。如果它们对我们有益，我们必须学会控制它们并更加广泛地利用它们。[①]

人类总是对自己的支配力过于自信，我们偶尔也该思考一下路易斯·巴斯德的话："微生物才会最终决定一切。"[②]

---

① 雅各布·G·李普曼：《乡村生活里的细菌》，麦克米兰出版社，1908（vii–viii）。

② 玛德琳·帕克·格兰特：《微生物与人类发展》，莱恩哈特出版社，1953，59页。

第三章

文化同质化

标准化、统一化和大批量生产

我从麦当劳薯条中得到的部分乐趣是，它们完全符合我脑海中对薯条的想象和预期。因为麦当劳已经成功地把薯条应有的样子植入了全世界几十亿人的脑海中。

——迈克尔·波伦，《植物的欲望》

世界各地的文化在进化中形成了不同的模样。不同文化里的语言、信仰和食物（包括发酵）大相径庭。但这种多元化正在全球化的冲击下岌岌可危。啤酒、面包和奶酪原本是极富产地特色的食物，各地区别极大，但幸运的21世纪消费者无论置身何处，都能买到味道完全一样的百威啤酒、沃登面包和威尔维塔奶酪。批量生产和大量的市场需求要求统一化。麦当劳、可口可乐和其他面向全球市场的公司不断地将产品的地域特色、文化和口味降到最低限度。

这就是文化的同质化，在这个丑陋而悲哀的过程里，语言、传统习俗、信仰等逐年消失，而财富日益集中在少数人手里。自然发酵就是你对抗同质化和统一化的武器之一，你可以利用身边土生土长的微生物创造出独一无二的发酵食物。这样的发酵食物是特定环境下的产物，因此它们永远不会一模一样。也许你亲手制作的酸菜或是味噌并不能像麦当劳薯条之于迈克尔·波伦一样，百分之百符合你对它们的期待。更有可能的是，各种意想不到的情况会迫使你调整自己的想法和期待。自制发酵产品是反全球化和统一量产的，但最早被拿来进行全球交易的商品中又有大量发酵食物。例如巧克力、咖啡和茶就是最早被大量卖到全世界的农产品，而它们的处理手段中都包含了发酵过程。

1985年，我跟朋友陶德在非洲旅行了几个月。在离喀麦隆的阿邦姆邦镇不远的地方，我们雇了两个侏儒带我们去丛林探险。在穿越没到膝盖的沼泽时，我们用竹竿做手杖。这些侏儒在丛林里生活已久。爬山的途中，我们经过了一些侏儒营地，他们以种植可可为生。我们开始意识到，政府正在强迫这些人参与到农产品贸易的金钱游戏里。他们传统的游民生活方式一步步被淘汰，因为那对政府的税收毫无助益，也没法帮政府还清全球金融机构的外汇债务。

文化的同质化让传统文化日渐边缘化。这不是什么新鲜事了。我不过是在用行为告诉人们，如果你抛弃自己的传统文化，让你的孩子在传教士学校里学习殖民者的语言，种植可可豆再出口到别的国家，那么可能有一天你也会有钱去其他大陆旅游，去获得一些新鲜感和刺激。

发酵的兴奋剂与全球化

巧克力由可可树（“可可”在希腊语中是食物之神的意思）的种子制成，它原本生长于亚马孙雨林中。可可豆被摘下之后，需要最多放置12天才能进行下一步处理，在这期间它们会自行发酵，产生有机物。发酵会分解豆荚里的果肉，改变其颜色、味道、气味和可可豆的化学成分。如果不经发酵，巧克力就不会有那种让人欲罢不能的、强烈又独特的美妙滋味。发酵结束后，人们会把可可豆从豆荚中取出，风干，烘焙，去皮，最终磨成可可粉。

人类食用可可豆的历史已经超过2600年了。亚马孙人、玛雅人和阿兹特克人把可可树引入了中美洲和墨西哥，他们利用磨制成粉的可可豆制作提神饮料，而非食用其固体形态。不加糖的可可粉非常苦，这些文明通常会将无糖的可可粉与辣椒粉混合，制成气泡丰富又浓稠的饮料。“Chocolate”（巧克力）一词来自阿兹特克语中的“Xocolatl”，即Xococ（苦味）与Water（水）的结合。可可在玛雅文明和阿兹特克文明的宗教仪式中是重要的圣餐。可可豆也被用作流通货币。

可可豆

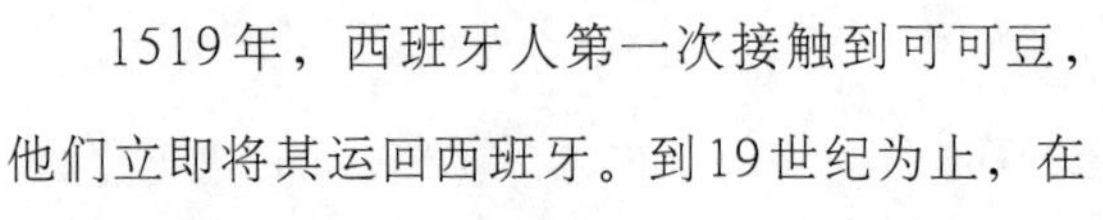

1519年，西班牙人第一次接触到可可豆，他们立即将其运回西班牙。到19世纪为止，在欧洲可可豆也一直被制成饮料。如今，巧克力生产已是年产值600亿美元的全球产业。其最主要的种植地区包括非洲、东南亚和巴西。[①]我在非洲遇到的一些可可树种植者们却从没吃过巧克力。可见劳动异化的程度之深！

虽然可可树本是雨林树木，但商业种植的可可树往往被种植在没有任何荫蔽的地方，并承受着大量的化学喷剂。

以这种方式种植的可可树很容易遭受真菌感染，真菌疾病已经摧毁了很多地区的种植园，剩下的种植园也岌岌可危。美国政府的研究人员正在对可可树进行基因测绘，试图通过基因改良提高其耐药性，你可能很快就会在身边的商店里找到这种新型可可豆制成的产品了。[②]

而其他被全球化的热带提神作物也跟发酵息息相关。刚从咖啡树上摘下来的红色果实需要经过自然发酵来分解掉果肉，

① 资料源自可可研究中心。

②《遗传学或可改善疾病威胁下的世界性巧克力供应危机》，田纳西农场新闻，2001-11。

留下咖啡豆。发酵之后，人们会对咖啡豆进行干燥处理和烘焙。而余下的步骤你大概已经非常了解了。

咖啡原产于埃塞俄比亚，随后它跨过红海，传播到阿拉伯半岛。到15世纪末期，它已经传遍了阿拉伯国家。[①]在欧洲，咖啡最先出现在威尼斯。在它成为一种广受欢迎的饮品之前，咖啡在欧洲被视为食物和药物。1643年，咖啡被率先引入巴黎。在随后的短短30年内，巴黎就出现了250家咖啡馆。[②]如今世界上的咖啡生产大国是巴西、哥伦比亚、越南、印度尼西亚和墨西哥。[③]

茶是另一种依赖发酵的提神作物。绿茶是茶树未经发酵的叶子。发酵能够强化茶叶中的提神成分，它被用于乌龙茶和红茶的制作。中国人从至少3000年前便开始喝茶。茶于1550年左右传入欧洲的里斯本，又花了100年传入伦敦，很快就大受欢迎，并流行至今。

直到19世纪早期，欧洲和北美所有的茶叶都自中国的广东港进口。贸易者被禁止进入内陆，而种植和发酵茶叶的技术也被视为商业机密。一开始，除了金、银、铜币，自给自足且技术超前的中国人对英国人提供的任何东西都不感兴趣，直到英

① 马克·潘德格拉斯特：《左手咖啡，右手世界》，贝斯克图书公司，1999，6页。

② 特伦斯·麦肯拿：《神之食物：寻找原始知识树》，班坦姆，1992，186页。

③ 资料源自国际咖啡组织的《2000年咖啡生产》。

国人带来了鸦片（另一种与发酵密切相关的产品）。手持英国皇室特许状的东印度公司在印度成立了一个鸦片生产公司，并用鸦片跟中国交换茶。全球的贸易由此开始，并猖獗发展至今。19世纪，英国人终于掌握了种植茶叶的技术，并开始在印度、东非和其他殖民地种茶。[①]如今，印度是世界上最大的茶叶产地，随后是中国、斯里兰卡、肯尼亚和印度尼西亚。[②]

巧克力、咖啡和茶叶的批量生产与全球贸易给世界经济和文化带来的深刻变化再怎么说都不为过。民族植物学家特伦斯·麦肯拿认为这些如今被发现有成瘾性的提神食物曾经是“工业革命的理想药物”。他说：“它们能让人精力充沛，让工人们能全神贯注地进行重复性劳动。仔细想想，那些现代工业体系里的既得利益者在咖啡和茶间休息上格外宽容。”[③]

这部资本主义图景里的最后一块拼图是糖。咖啡、巧克力和茶几乎是于1650年前后同时出现在英格兰的。在其原产地，它们本是无糖的苦味饮料。但欧洲人把它们配上糖，从此糖跟这些饮品成了销售时的固定搭档。这就是营销的诞生，这是人类第一次让消费者对未知的商品产生大量需求。当然，如今我们总会轻而易举地被说服，离开了某样东西就活不下去，但糖

---

① 本书关于茶叶贸易历史信息的主要来源是亨利·霍布豪斯著的《变革的种子：五种改变人类历史的植物》。

② 资料源自国际茶叶协会。

③ 特伦斯·麦肯拿：《神之食物：寻找原始知识树》，班坦姆，1992，185-186页。

是这一切的开端。

“这些热饮的流行让人们对糖的需求激增。”历史学家亨利·霍布豪斯在《变革的种子》一书中写道。[1]在1700年到1800年之间，英国的人均糖消费量平均增长了4倍多，从一年4磅增至18磅。西德尼·W·敏兹在《甜味与权力》一书中写道：“糖不再是一种稀有物和奢侈品，而是成了广大工人阶层的必需品。”[2]人们食用的糖越来越多，需求甚至超出了自己的负担范围，而“掌权者也从生产、运输、提炼糖和对其征税上获得了越来越多的权力。”[3]巧克力、咖啡和茶也经历了类似的消费增长过程。

甘蔗原产于新几内亚，8000多年前，它传播到印度、菲律宾和其他亚洲热带国家。[4]中东地区很久之前便开始了解、交易和使用糖，欧洲对糖的知晓稍迟一些。

过去，糖的来源很少，它非常昂贵，被用作药物或是香料，并没有如今天这样被当成食物。[5]葡萄牙和西班牙人先后于1418

---

① 详见亨利·霍布豪斯著的《变革的种子：五种改变人类历史的植物》64页内容。

② 西德尼·W·敏兹：《甜味与权力：糖在近代历史上的地位》，维京，1985，46页。

③ 西德尼·W·敏兹：《甜味与权力：糖在近代历史上的地位》，维京，1985，95页。

④ 本书大部分有关糖的历史知识来自《甜味与权力：糖在近代历史上的地位》一书。

⑤ 过去，人们会把糖加在难喝的草药里，让它们稍微可口一点，或者直接把加了糖的草药敷在伤口处。糖也曾被作为调味品与其他受欢迎的东方香料一起使用，人们会在烹饪时将糖与各种香料混合在一起，用它们来给寡淡的中世纪欧洲菜肴调味。

年在殖民地开始建立甘蔗种植园，包括马德拉、加那利群岛、圣多美、大西洋乃至非洲西海岸的佛得角群岛。非洲西海岸也由此成了奴隶的主要来源地。

欧洲人在加勒比和美洲的热带地区建立殖民地后，又利用非洲奴隶建立了更加庞大的种植园。纵观人类历史，奴隶制曾以不同形式在多个文化中存在过。斯拉夫人认为他们的名字来源于古老的奴隶制，而在21世纪的现在，象牙海岸依然存在着奴隶制度。[①]

由奴隶非洲人而形成的全球化种族主义都是拜糖贸易所赐。精制糖技术的发展让糖越来越白的同时，在精制糖生产线上的深色皮肤劳工们却一步步被非人化。无论从象征意义还是肉体意义上，糖都推动了种族主义的形成。而糖和它的提神搭档们也催生了全球的殖民统治。

对于任何地区的人民来说，种植大量提神作物用于出口，而非种植有营养的食物自给自足都是非常不合理的。只有在当地人受到压迫的时候，这种情况才会发生。最初，这是靠奴隶制和殖民统治实现的。现如今，这种压迫模式已经改变，强权统治的主要工具是全球资本，例如国际货币基金、世界银行、第三世界债务、跨国公司（个人认为这个叫法比多国公司更准确，因为这些庞然大物已经超越并取代了国家）和世界贸易组

---

① 苏达姗·拉凡与苏玛那·查提甲：《甜味包裹下的奴隶制度：巧克力的真相》，《堪萨斯城市报》，2001-6-23。

织。如果那些在土地上辛勤耕作的人对自己的田地有任何控制权，他们会更愿意种植食物，而不是为其他大陆上的人民种植昂贵的提神作物。

“英国工人喝下第一杯加糖热茶是个非常重要的历史事件，因为它预示了整个社会的变革，以及整个经济和社会基础的重构。”敏兹写道，“我们必须努力去充分理解这类事件带来的后果，因为这意味着生产者和消费者之间的关系已经变成了一个全新的概念，工作的意义，自我的定义，以及事物的本质都截然不同了。商品是什么，商品又意味着什么，跟以前彻底不一样了。”[①]

为了让富裕的西方消费者能持续享用这些来自遥远国度的、让人飘飘欲仙的产品，全世界需要消耗大量宝贵的资源，例如化石燃料（运输）、土地（本可以被当地人用来种植饱腹的食物）、劳动（本可以用于满足当地人的需求）和全球的生物多样性，而我们西方人已经开始视其为理所当然了。

抵制文化的商品化

我没法教你一套公式来对抗悄然发生的全球化、商品化和文化同质化。约瑟·博伟大概能提供一个可行方案，他本是名养羊的农夫，因为1999年铲平了一家麦当劳而在国际上声名大噪。“麦当劳不只是经济帝国主义的一个符号。”博伟写道：“它代表

① 西德尼·W·敏兹：《甜味与权力：糖在近代历史上的地位》，维京，1985，214页。

了神不知鬼不觉的全球化进程。它根本不算真正的食物……全世界的每个角落里都有反对这场商品化的浪潮。”促使他对麦当劳下手的导火索是美国因欧洲拒绝进口激素喂养的牛肉而对其进行贸易制裁。“我们拒绝跨国公司主导的贸易模式。”博伟倡议道：“让我们回归农业……人们有权自己养活自己。”[①]

这种抵制在世界的不同角落悄悄地进行着。有时它显得夸张又高调，但是我们面临的大多数决定都是平凡又私人的。如果足够幸运，我们一天内就有几次机会来决定自己想吃什么。能自主决定自己的进食内容意义深远。

食物让我们有很多机会来抵制文化的大众营销和商品化。尽管有人会采取很多夸张又激进的消费行为，但我们也不是非要把自己的消费行为降低到仅仅购买几样生活必需品上。我们可以把自己的口味与行动结合起来，让自己成为食物的共同创造者之一。从远古开始，食物就是我们跟地球生命力最直接的纽带。人们庆祝丰收，感谢神的馈赠。

而在现代都市，大多数人根本接触不到粮食种植的过程，有人甚至没见过新鲜采摘的农产品。大部分美国人习惯于购买和食用经过工厂处理的食材。“于是进食者和被食用的都脱离了生物学现实。”文德·贝利写道：“结果就是人类正面临着前所未有的孤独，进食者觉得吃首先是他和食物供应商之间纯粹的

---

① 源自约瑟·博伟的《世界非为销售而生：反对垃圾食品的农民》。

商业交易，然后是他和食物之间单纯的味觉交换。”[①]工业化生产的食物毫无生机可言。它们也切断了我们与生命之源的联系，让我们错失了自然界无处不在的神奇力量。“时机一到，我们必须夺回遗失的丰收季节。”印度社会活动家万达纳·什瓦写道：“我们还要庆祝食物的生长和赠予，将其视为最高级的礼物和最具革命性的行为。”[②]

并非人人都能当农民。但重建与大地的联系并对抗全球市场统一化和标准化的做法不只这一种。其实你有另一条简单却实用的途径抵抗文化同质化，那就是让自己融入野生微生物的世界里，操纵它们，重新去探索和解读先人们丰富的发酵技巧。由此，你便与周边环境里的生命力融为一体，建立起自己的文化生态圈。

① 文德·贝利：《活着的意义》，1990。
② 万达纳·什瓦：《失窃的收成：跨国食物供应公司的掠夺》，南方出版社，2000，127页。

第四章

文化操纵

DIY指南

很多人都对食物发酵望而生畏。工厂流水线上的发酵食物都需要经过化学处理、严格的温度控制和精密的菌种培养，导致人们觉得这些都是食品发酵的必备条件。而啤酒和红酒的制作教程更加深人们这种错误观念。

我的建议是摒弃“专家迷思”，不要害怕，不要自己吓唬自己，要记住，所有发酵过程都早于现代科技出现，技术手段只是让它们变得更复杂。发酵不要求特殊设备，连温度计都不是必需的（不过它确实有用）。发酵简单又让人兴奋。当然，发酵时我们要注意很多细节，如果你精益求精，你会从中学到很多东西。但最基础的发酵步骤非常简单和直接。你完全可以自己操作。下面就是例子：

泰吉（埃塞俄比亚蜂蜜酒）

预计时间： 2～4周

工具：

1加仑/4升（或更大的）陶瓷缸、广口瓶或塑料桶

1加仑/4升的玻璃罐（可以存放苹果汁的那种罐子）

空气开关（可从啤酒或葡萄酒供应商店购得，不超过1美元，很实用但并非必不可少）

材料（每制作1加仑/4升）：

3杯/750毫升蜂蜜（最好是生蜂蜜）

12杯/3升水

制作流程：

1. 在陶瓷缸或罐子里混合水和蜂蜜。搅拌至蜂蜜完全溶解。用湿毛巾或湿布把罐子盖起来，放到一个温暖的房间里静置数日，每天最少搅拌两次。耐心等待空气中的酵母进入蜂蜜水中。

2. 3～4天之后（如果天气寒冷，这段时间会略长，天气炎热则时间会缩短），液体应该会开始产生气泡并散发出香气。观察到气泡后，立即把液体转移到一个干净的玻璃罐中。如果不能装满罐子，可以以4∶1的比例注入水和蜂蜜，

将其填满。如果能买到空气开关（见208页），可在罐子上装一个，保证发酵产生的气体被排出而外部空气又不会进入罐子里。如果买不到，可以用一个气球罩住瓶子，也可以用罐盖，只要它能松垮地待在罐子上，保证气体得以排出，避免罐内压力过大即可。

3. 等待2～4周，直到气泡产生的速度变慢，便得到了一罐“速成”的美酒。你可以马上享用，也可以等它进一步成熟。

做出一桶美味又醉人的酒就是这么简单。如果你想让它口感更丰富，可以加入一些水果或是植物，详情见210页。

自己动手做

很多人都奉行“自己动手做”的理念。“自己动手做”是一种自我充实、不断学习的生活态度。例如自己动手种菜、烹饪，自己做衣服和手工品，自行制作和修理各种物件，研习艺术等。无政府主义者们把“自己动手做”或是“DIY”作为自己的口号。出版杂志、组建乐队、在垃圾桶里翻找美食、技能分享会等都体现了“自己动手做”的生活理念。

田园隐居生活也是一样。在我居住的社区里，我们自己搭建了所有的基础生活设施，包括太阳能发电设备、电话线和供水系统。我们养鸡和山羊，自己种植大部分食材，并且自己盖房子居住。我们的成员懂音乐，会纺织、染纱、编织，还会修车。

农庄的隐居生活适合那些想要通晓各种生活技能的人。回归田园需要我们掌握很多已经逐渐消逝的技能。在学习这些技术的过程里，我感到前所未有的满足和充实。

自己动手发酵是一场探索和实验之旅。我寻回了祖先们曾使用过的、构成了人类文化根基的最简单的生活工具。每次发酵的结果都独一无二，它们会受到原料、环境、季节、温度、湿度和其他很多因素的影响，任何细节都会影响微生物们的活动，从而改变发酵过程。有些发酵只需几小时就能完成，有些却会持续数年。

发酵一般只需要少量准备工作。绝大多数时间里你做的只是等待。人工发酵会让你最大限度地远离快餐。对很多发酵食物来说，你等待越久，它的味道就越好。在此过程里，你可以耐心观察，感受微生物们无形的魔力。南美洲的恰落第人把发酵的时间称为“美好幽灵的诞生”。[1]他们用音乐和歌声引来美好的幽灵，让它们乖乖进入早已准备好的居所里。你也可以为你的幽灵、你的有机物、你的发酵过程准备一个舒适的居所，一切只要按照你的意愿来就好。这份力量伴随着你。它一定会来的。

我每次发现罐子里开始咕嘟咕嘟冒泡，焕发出蓬勃的生机时，都异常兴奋。当然了，即便有10年经验，有时候我的发酵过程也难免不如预期：酒会发酸，酵母会失效，陈年的陶罐里会生蛆。有时候仅仅是温度过高或过低都会影响发酵物的味道。毕竟，我们面对的是微生物变化无常的生命，某些情况下这个过程还非常的漫长。虽然我们总想尽一切努力去维持适宜的条件以获得最佳结果，但我们最好还是要记住，一切并不完全由我们掌控。你的发酵实验难免有失败的时候，你只需从中学习教训，千万别丧失信心。如果你有任何问题，随时可以发邮件跟我讨论（sandorkraut@wildfermentation.com）。要记住，无论是旧金山著名的酸面包还是最美味的蓝纹奶酪，最初都出自某个家庭厨房或是农庄。谁知道你的厨房里又会飘出什么神奇的香味呢？

“我们的完美存在于我们的不完美中”这是我的人生格言之一。我是从好友崔斯科特那里学到这句话的，当时我们正和一些木匠新手们在盖房子，那里离肖特山森林的“镇中心”大约0.25英里。我们从自己的土地上砍下刺槐木搭房梁，又从一个废旧的可口可乐装瓶厂里捡来了木头盖房子。我们边盖边学。如果我们追求的是整齐划一，那还不如买一辆加宽拖车。我们更想住在一个有趣的木头房子里，幸运的是，我们最终住上了。当时我们的口头禅在发酵操作中是真理，就是这句“我们的完美存在于我们的不完美中”。如果你追求的是完美、规范、结果可预见的食物，你大概不该接着读这本书了。但如果你愿意应付各种反复无常的细节，想体验巨大的变革力量，那么就继续读下去吧。

任何食物都能被发酵

我没见过跟发酵完全不沾边的食物。虽然现在我是个杂食者，但曾经我也是个素食者。我是婴儿潮一代，赶上了反省年代，现在想来，我成为素食者也是跟随时代潮流顺理成章的结果。我的经验主要是素食烹饪和素食发酵。本书不包含肉或者鱼的发酵内容，虽然它们在世界上随处可见，其中最广为人知的就是香肠、腌鲱鱼和鱼露。古罗马主要的调味品就是一种被称为“Liquamen”的发酵鱼酱，它跟现在越南、泰国和其他东南亚国家广泛使用的鱼露没有太大区别。北极地区的人们把整条鱼放进地上掘出的洞里，令其发酵数月，直到它们变得像奶酪一样。“Sushi”（寿司）一词就源自古代日本人将鱼跟米饭一同发酵的传统做法。

饥肠辘辘的人们发明发酵技术不只是为了保存食物，也是为了把动物身上无法食用的部分变成营养丰富的食物。哈米德·迪拉尔在《苏丹本土食物》一书中介绍了8种不同的发酵方式，这本书里有大量关于发酵的描述，它们几乎把动物身上的每一寸骨肉都变成了人类食物。脂肪发酵得到“米里斯”（Miriss）；切碎的骨头置于水中发酵得到“多的里”（Dodery）。我没法在这儿展示这些配方，但有些读者可以从该书中获取一些这方面的灵感。

流动的边界

说起肉类发酵，我又想到一个问题，事实上发酵食物与腐烂食物之间的界限是非常主观的。有一回，我们宰了一只羊，我把一部分羊肉用了几周时间发酵。我把羊肉放进瓶子里，加入了当时手头上有的活性发酵物：酒、醋、味噌、酸奶和酸菜汁。封上瓶子，将其放进地下室里隐蔽的角落。不久后瓶中便气泡升腾，香气四溢。两周后我取出肉和腌泡汁放进锅里，盖上盖子送进了烤箱。

烤制几小时后，我们的厨房充满了恶臭。那种味道闻起来像是发酵了上百年的奶酪，只有最勇敢的美食家才敢品尝其风味。有些人差点被熏得晕过去，还有些人强忍着恶心冲出了厨房，大家纷纷抱怨这股恶臭。那个臭气熏天的晚上已经成了我们这里的“传说”。

迫不得已，我们只好冒着12月的严寒打开窗户。有6个人尝了一下那锅肉。作为羊肉来讲，它可以说是非常嫩，而且吃起来远没有闻起来那么臭。我们的成员米什特别喜欢这个烤肉。他一晚上都徘徊在那锅肉的周围，对它奶酪般的香气赞不绝口，满足地享受着只有他和极少数人能欣赏的“独特风味”。

我父亲是个来者不拒的美食家，某年圣诞节他去瑞典拜访朋友，尝到了瑞典人传统的圣诞美食——碱渍鱼（Lutfisk）。直到40年后，他回忆起这道菜的味道还心有余悸。碱渍鱼的做法是把鱼浸在碱液里发酵，数周后取出烹饪。虽说很多亚洲的豆类发酵物在西方也广受欢迎，但日本的纳豆恐怕没有几个西方人能欣赏。

食物科学家用“口感”（Organoleptic）一词形容嘴巴对食物的感觉（以及其他感官对食物的主观感受）。发酵常常会改变食物的口感，而有些时候我们对某样食物的好恶恰恰取决于其口感而不是味道。“所以说‘腐烂’一词更多的是个文化概念，而不是生物学概念。”法国国家科学中心总监安妮·休伯特在《慢食》杂志中的某篇文章里写道：“这个词定义了一样食物到达无法被食用状态的临界点，它是由其味道、外表，以及不同社会中对卫生的概念共同决定的。”[①]

这个临界点是流动的，而发酵食物的制作方式也会决定了这个界限的流动性。若生命的状态只有生或死，发酵就是生命在死亡上的活动。活的有机体吞噬着食物中死去的部分，转化它，并在这个过程里释放出进一步维持生命的营养物质。很多发酵配方会告诉你，要让食物发酵至“味道浓郁”。至于何为浓郁，你要自行判断。我建议在等待发酵的过程中时不时尝一下味道，随时了解其发酵程度，找到你认为足够浓郁和最恰当的味道，体会超出你容忍度的另一面的味道，你便能了解“腐烂”难以捉摸的主观临界点。

---

① 安妮·休伯特：《鱼的强烈气味？》，《慢食》，2001（22），56页。

有时候人们会问我：发酵食物处理不当的话，会不会引起食物中毒？我从来没因此食物中毒过，也从没听过或者读到过任何其他发酵爱好者遇到这种情况。总的来说，发酵过程中产生的酒精和乳酸能抑制引起食物中毒的主要细菌，例如沙门氏菌的生长。但是，我也不能保证或者权威地断言发酵不当绝不会引起食物中毒。

如果你的发酵物看起来或者闻起来很恶心，那就用它堆肥吧。我知道发酵食品最上面跟空气直接接触的那一层看起来会有些恶心，但它下面是一切正常的。

如果心存疑虑，那么就相信自己的鼻子吧。如果还是不确定，可以略微尝一点点，像品酒一样用你的口腔去感受它。相信你自己的味蕾，如果它尝起来不怎么样，那就不要吃了。

基础设备和材料

大多数发酵食品所需的最基本设备是盛放它们的容器。历史上，人们喜欢用葫芦、动物的肠衣或是陶瓷罐子等。通常圆柱形的容器是最方便的。我喜欢用老式的陶瓷罐子。可惜它们很贵、很脆弱，而且越来越难找到了。如果你要购买二手陶罐，一定要仔细检查它们有没有裂纹。可能你会幸运地在当地的旧货商店里找到几个。最好买当地产的陶罐，因为它们非常重，运费很高。

我用广口瓶发酵过很多东西，它唯一的缺点就是并非圆柱形。在本书的筹备实验阶段，我摒弃自己的“反塑料主义”，用一些从熟食店找到的5加仑装的塑料桶做出了不错的发酵食物。我总觉得塑料中的化学成分可能会进入食物中，但我们就生活在这么一个塑料世界中，实在难免接触到这些化学成分。你买到的大多数食物，哪怕是从有机超市买来的，都用塑料制品包装着。如果要用塑料容器，一定要保证它是食用级别的，千万不要用曾经装过建材的塑料桶。也不要在金属容器里进行发酵，因为它们会跟盐和发酵中产生的酸类发生反应。

进行谷物或者豆类发酵时，还有一样非常实用的工具——谷物粉碎机。自己研磨能保证你得到新鲜、活性、有能力发芽的食材。相反地，如果你使用现成的谷物或者豆粉，它的营养成分可能已经在氧化过程中流失了，而且它们很容易变质。若你自己研磨谷物，你还能控制粗细程度。粗粒也非常美味。我做面包、粥、豆豉和啤酒时，都是自己研磨谷物和豆子的。你可以在当地家居用品店或是厨具商店里找到研磨机。还有一些其他设备，我后面会慢慢讲到。

我书里的配方所使用的度量衡会同时用美国制式和世界其他大部分地区通用的公制来表示。因为我住在美国，所以我使用的厨房工具和相关参考都是美式的，以此来写菜谱对我更加方便。我发现，公制系统中固体的度量方式是重量，而非美国常用的体积（这里只是针对家庭厨房而言）。而我书中的面粉、豆子和谷物均采用体积衡量，我将美国标准的体积转成了公制体积。所以我书里包含的度量转换可能比名词翻译还要多。但无论如何，我希望这样做能给美国以外的读者带来方便。

本书中最常见的配料就是水。发酵时不要使用高度氯化过的水，因为氯在水中的作用正是杀死微生物。如果在自来水里闻到或是尝到氯的味道，要么就将它烧开，让氯蒸发掉，要么就不要使用自来水。

另一样常用配料是盐。盐会抑制很多微生物的生长，但在某种程度上，它却能容纳乳酸菌生长，乳酸菌是很多食物发酵过程中非常重要的一种细菌。我喜欢用海盐。选择海盐或是腌制专用盐都可以，但不要用添加了碘和防结块成分的食盐。碘跟氯一样，都会杀死微生物，抑制发酵过程。粗粒犹太盐也可以，但要注意的是，犹太盐的颗粒较大，因此同样重量下它的体积可能更大，所以要加的更多。就本书里的配方而言，犹太盐的用量通常是细盐的1.5倍。同样，因为它颗粒较大，需要先将其在开水里溶解。

至于其他的配料，等我们用到它们的时候我再逐一讲解。总体而言，我建议在发酵时使用有机食物，有机食品更有营养、更好吃，也更有利于生态环境的可持续发展。但我不得不说，我们能在超市和大型健康食品连锁店里买到的有机食品很多都是大公司的产品。我认识一位田纳西的有机种植者，过去他会把产品卖给纳什维尔的健康食品商店。在这家商店被某个全国连锁店收购了之后，就不再从他和其他小型种植者那里订货了，除非他们的产量足够大，能源源不断地运到州外的物流中心，再供给全美国的各家店铺。

我认为支持本地种植者非常重要。应该尽可能地吃本地和应季的食物。可以选择去农夫市场或农场里买菜，或是加入社区农场支持计划（CSA）。这些小型社区农场通常采用会员制，等到收获季节，它们便会把丰收的食物分发给会员们。

当然，最好的做法是自己种。这样你就会得到最新鲜的食材，还能享受到种植的莫大乐趣。但是也不用太担心自己的食材来源。微生物并不挑剔。只要是你手上有的食材，它们都能与之合作良好。

经验和知识的新篇章

在我写这本自制手册的同时，我也在学习另一样非常接地气的技术。多年来，我享用着公社里甜美、营养、新鲜的山羊乳汁，但从没有参与过照顾山羊和相关的劳动。如今，我开始学习挤奶。这份劳动让我和塞西、莉迪亚、蓝提尔、林妮、泊尔塞福涅、露娜和西尔维娅建立起私人的联系。挤奶锻炼了我的手部力量。我认为这项技术的诀窍似乎在于找到韵律。

发酵技术也是一样。在跟微生物打交道的过程里了解它们，并找到它们的韵律。工业革命之前，发酵都是在家庭厨房里完成的，或者至少是在本地完成的。它们是神圣的传统，往往由社区成员们充满仪式感地集体进行。当你在自家厨房里重现这些发酵过程时，你不仅会得到丰富的营养，也会找到食物里蕴藏的生命力和魔力。

这是一本重在过程的食谱。也就是说，本书的重点在于发酵的技巧。而发酵所需的材料反而是随意和多种多样的。我在书中介绍的很多来自遥远国度的发酵配方都是我根据书中信息二次创造的。

我主要是参考了比尔·莫里森的《永续农业手册：发酵与人类营养》和基斯·斯坦克劳斯的《本土发酵食物手册》。两位作者的书中都提供了大量有用的信息。我还查询了各国的菜谱、不同网站、人类学和历史学教材。但书中信息的问题在于，它们常常不够清晰，如果你查询了超过一个信息来源，经常会发现内容是彼此冲突的。我没办法保证这些重制配方的权威性，只能说它们是有效的，而且非常美味。其实大可不必局限于这些配方，充分利用自己最喜欢的食材，或是最方便获得的材料，不管是从菜园里摘下的、在超市买到的，还是在垃圾箱里翻出来的，尽管用起来就好。祝你发酵愉快！

第五章

蔬菜发酵

发酵蔬菜很适合佐餐。它们浓郁的味道能给餐桌增色不少，让人胃口大开，而且能帮助消化。在很多菜系中，发酵蔬菜都是常见元素。韩国人每餐必吃泡菜。我也喜欢每天都吃点儿发酵蔬菜。花半小时切碎的菜发酵完就够你吃几个星期了。这样一来，你随时都能吃上营养又美味的发酵蔬菜。最好多准备几个坛子，用以制作不同口味的发酵蔬菜。这真的非常简单。

基本的腌渍技巧

让蔬菜免于腐烂而变成美味的发酵物的关键在于盐。最好把蔬菜放在盐水里发酵。盐水就是把盐溶于水即可。在某些发酵方法里，例如制作德国酸菜时，需要先用盐使蔬菜脱水，得到浓郁的腌菜汁。而在其他配方里，例如腌制酸黄瓜时，要把盐水浇在蔬菜表面上。盐水能抑制腐败菌的生长，并促进乳酸菌等有益菌种的繁殖。盐水中盐的用量在不同配方里差别很大。你用的盐越多，发酵的速度就越慢，酸味也会越浓郁。但如果你加入了太多的盐，那么你会杀死所有的微生物，发酵也不会发生了。

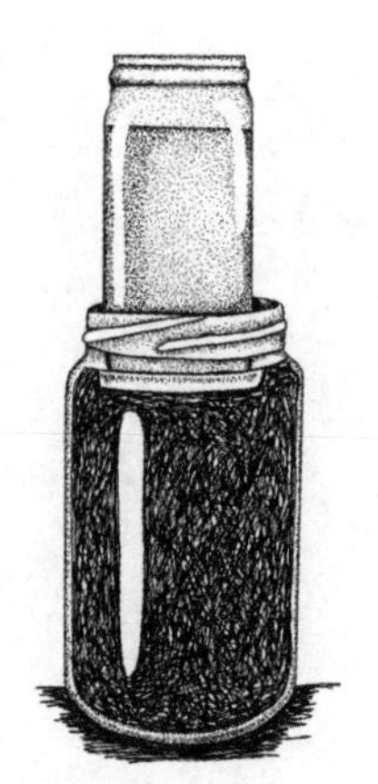

较小的瓶子把广口瓶里的食材压下去了

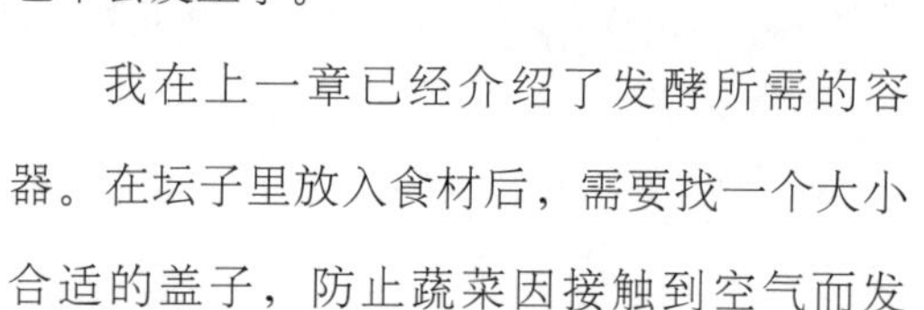

我在上一章已经介绍了发酵所需的容器。在坛子里放入食材后，需要找一个大小合适的盖子，防止蔬菜因接触到空气而发霉。要保证蔬菜被淹没在水面下，需要的是一个盖子和一个重物。我通常会用一个跟坛子内部直径差不多的盘子做盖子。即便它的边缘跟坛口存在一定缝隙也不要紧。也可以使用尺寸合适的圆形木板，但要注意，你必须用实木，千万不要用胶合板或者刨花板，它们有胶水，万万不可食用。至于重物，我一般会用一个装满水的一加仑（约4升）玻璃瓶。当然了，用一块干净且煮沸过的石头也完全可以的。

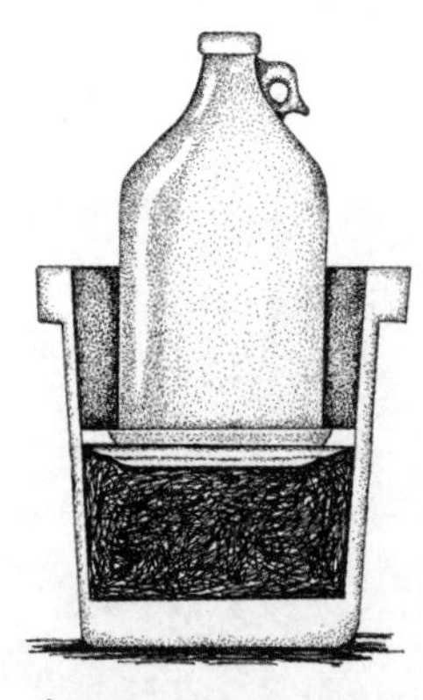

盖子和重物把坛中的发酵物压在水面以下

我还有另一种腌菜的办法，即把蔬

菜放进广口瓶里，然后用一个较小的瓶子封住广口瓶的瓶口。再在较小的瓶中注满水，让发酵物保持在水面以下。甚至可以用一个装满盐水的密封袋把发酵材料压在水面下。要创造性地运用手边的工具。至于这些瓶瓶罐罐，大概可以去回收站碰碰运气，很可能收获颇丰。

酸菜

对我来说，一切都是从酸菜开始的。当我还是个孩子时，住在纽约，经常去街上买热狗，它的固定搭配永远是芥末和酸菜。我也很喜欢吃鲁本三明治——腌牛肉配上千岛酱、酸菜和融化于其中的奶酪。在我停止吃肉以后，我吃的酸菜也比以前少了。

这种情形一直持续到我开始长寿饮食法（Macrobiotics）之后。长寿饮食法是根源于日本佛教文化的一种饮食方式。这套饮食法非常严格，基本上只能吃简单烹饪过的谷物、蔬菜和豆类。长寿饮食法提倡定期进食味噌、未经巴氏杀菌的酸菜和其他的腌菜来促进消化。当时我基本上天天吃酸菜，自从我学会自制酸菜以后，酸菜坛子就没有空过。

科学家们很早就发现，卷心菜和其他十字花科蔬菜（西蓝花、花菜、抱子甘蓝、芥菜、羽衣甘蓝等）含有丰富的抗癌物质。而《农业与食品化学期刊》刊登了芬兰最新研究，显示发酵能将卷心菜里的硫代葡萄糖苷分解成名为异硫氰酸酯的化合物，这种化合物已知具有抗癌效果。“我们发现发酵过的卷心菜可能比生卷心菜和烹饪过的卷心菜都要更健康，尤其是在抗癌方面。”[①]

有一种说法，认为酸菜是被游牧鞑靼人引入欧洲的。据说他们在中国学会了腌制酸菜。中国制作发酵食物的历史非常悠久。Sauerkraut是酸菜的德语名称，法国人叫它Choucroute。欧洲各地制作酸菜的方式都不太一样。在饱经战火的塞尔维亚、波斯尼亚和黑塞哥维那，人们通常把整颗卷心菜放在大桶里腌制。而俄国人会在其中加入苹果，增添一些甜味。德国的Sauerkraut更是世界闻名，它被德国人亲切地简称为Krauts。美军与德国作战时，德国酸菜曾经被称为“自由卷心菜”，它是“自由薯条”的前身。

美国宾夕法尼亚州的德国移民被叫作“酸菜扬基人”。《酸菜在美国：宾夕法尼亚的德国食物与加工方法》的作者威廉·沃伊斯在书里讲述了美国内战时期关于酸菜的一件趣闻。“1863年夏天同盟军占领钱伯斯堡（宾夕法尼亚）的时候，饥饿的叛军跟居民们索要的第一样东西就是大桶大桶的酸菜。”可惜，叛军来错了季节。宾州的德国人是在秋季丰收时分制作酸菜，等到冬天和春天享用它。“精神正常的人

① 详见2002年10月24日健康童子军新闻记者（在线）登载的罗斯·格兰特的《发酵酸菜可抗癌》。

都不会在夏天做酸菜。”①（不过在我们田纳西，我们六七月份就会收获春天种下的卷心菜，确实是在夏天腌酸菜的。）

把卷心菜变成酸菜的发酵过程不是一种微生物作用的结果。跟大多数发酵过程一样，酸菜是很多种不同微生物共同活动的产物。正如森林里的树木，会有一批树成为主导品种，而每一个成功的品种都在为下一个主导者创造更有利的生长条件。发酵与大肠菌群的微生物有关。大肠菌群会产生酸，于是环境就会变得有利于明串珠菌的生产。随着酸越来越多，发酵物的pH酸碱度不断下降，乳酸菌就战胜了明串珠菌。成功的发酵过程是3种不同细菌共同参与、不断提高酸度的结果。

别被这些复杂的生物理论吓倒。微生物是自力更生的，你只要给它们创造一点简单的成长条件就好。酸菜的制作相当简单。

预估时常：1～4周（或者更久）

工具：

陶瓷罐或是食品级的塑料桶，容量至少1加仑/4升

能恰好放入罐子或桶内部的盘子

装满水的1加仑/4升大的瓶子（或是一块刷干净煮沸过的石头）

① 威廉姆·沃伊思·韦佛：《酸菜在美国：宾夕法尼亚的德国食物与加工方法》，宾夕法尼亚大学出版社，1983，176页。

一块布（例如枕套或是毛巾）

材料（每1加仑/4升）：

5磅/2千克卷心菜

3汤匙/45毫升海盐

制作流程：

1. 卷心菜切碎或擦丝，菜心留不留下都可以。我喜欢把卷心菜和紫甘蓝混在一块儿用，这样做出来的酸菜是亮粉色的。把切碎的菜放入大碗。

2. 边切边往切好的菜上撒盐。盐能逼出菜里的水分，菜汁可当腌渍汁用，能防止蔬菜在发酵时腐坏。盐还会抑制令卷心菜软化的微生物们的繁殖，让酸菜更爽口。每5磅卷心菜大约要用3汤匙（45毫升）盐。我从没量过盐的多少，一般是每切完一棵菜就撒一些盐。夏天我会多用一些，冬天会少用一些。即便放少量盐甚至完全不放盐，也是有可能制成酸菜的。我后面也会介绍一些无盐酸菜的做法，给那些不想用盐的读者们参考。

3. 加入其他你喜欢的蔬菜，例如胡萝卜丝。我还用过洋葱、大蒜、海藻、绿叶菜、抱子甘蓝、小的整颗圆白菜、芜菁、甜菜和牛蒡。你也可以加入水果（最经典的是整颗或切片的苹果），或是香料或草药（葛缕子籽、莳萝籽、芹菜籽和杜松果都是传统配料，你也可以加入任何你喜欢的香料）。要勇于尝试。

4. 混合所有原料，分几次放入坛中。每放入一些，就用你的拳头或是坚硬的厨具将其压实。这样能把菜压在坛底，并将蔬菜里的水分挤出来。

5. 用一个恰好能放进坛子的盘子或是盖子把蔬菜盖住。用一个干净的重物（例如一瓶水）压住盖子。重物的作用是逼出卷心菜里的水分，以及把蔬菜保持在盐水以下。用一块布盖起整个装置，防止灰尘进入。

6. 用力把重物压下去，尽力挤出菜里的水分。隔一段时间就重复这个动作（每次想起来就去压一下，一般是间隔数小时），直到坛子里的水能没过蔬菜。这个过程可能要花24小时，因为卷心菜出水很慢。某些品种的卷心菜或是比较老的卷心菜含水量较低，可能直到第二天腌渍汁也没法没过蔬菜。这时候你需要补充盐水进去。盐水的比例是每1杯水（250毫升）加入1汤匙（15毫升）盐，搅拌至完全溶解。

7. 静置发酵。我一般会把菜坛子放在厨房不显眼的角落。这样它既不会妨碍到别人，也不至于被我彻底忘记。若想延缓发酵速度，也可以把坛子放在凉爽的地下室里，这样能保存得更久一些。

8. 每隔一两天检查一次酸菜。随着发酵的进行，它的体积会缩小。有时候坛子里腌菜水的表面会有一层霉菌。很多书上就称之为“浮渣”，但我更喜欢把它想象成花。撇去表面的漂浮物，它们会散开，所以你可能没办法完全去掉它们。不用担心，这只是腌渍汁表面与空气接触而产生的结果，酸菜还待在隔绝氧气的水下。把盘子跟重物冲干净，尝一下酸菜。一般来说蔬菜会在几天以后开始变酸，酸味会随着时间地推移越来越浓郁。若恰逢冬天，或者你把酸菜放在凉爽的地窖里，那它可能会发酵数月。若正处夏天，或你将其置于温暖的房间中，它的发酵速度就会更快。放久了它就会发软，味道也没那么美好了。

9. 享用吧！通常我会一次性取出一碗或者一瓶酸菜保存在冰箱里。我会在酸菜刚刚腌好时便开始吃，然后接下来的几个星期我就会品尝到它不断变化的味道了。吃完酸菜后，你可以尝一尝坛中剩余的酸菜汁。酸菜汁是难得的美味，而且特别有助于消化。你每次取一部分酸菜出来的时候，都要注意将坛子再次盖好。确保剩下的酸菜仍然停留在坛子底部，盐水能没过酸菜，盖子和重物都是干净的。有时腌渍汁会蒸发掉一部分，如果你发现它没法完全没过酸菜，就必须补充一些盐水。有些人会把酸菜高温加热，并保存在罐子里。当然你是可以这么做，但我的想法是，酸菜大部分的益处都来自它的生命，为什么要杀死它呢?

10. 找到属于你的韵律。当上一坛快吃完时，我就会着手制作下一坛。我会把罐子里剩余的酸菜取出，重新放入新鲜的、盐渍过的卷心菜，然后再把旧酸菜和它的腌汁倒进去。这就像给了新的酸菜一个“酵头”。

酸菜奶酪卷

聚会时，可以利用酸菜做很多有趣的小零食，例如用一整片酸菜叶子将奶酪卷成手指粗细。我给它起了个法语名字Choucroute fromage roulades，因为我很喜欢酸菜的法语叫法Choucrout。也是因为我第一次做这道小食是在我的法国朋友乔西林的巴士底日聚会上。

做法：保留一两个卷心菜的心，大小跟垒球的尺寸差不多。把菜心放在罐子里，周围和上面都放上切碎并用盐渍过的卷心菜丝，然后按照前文配方里的步骤发酵。1～2周后，把卷心菜的根蒂去掉。把每片菜叶都小心地剥下来。在每片叶子上放少许酸菜和羊奶奶酪，或是其他奶酪，然后把叶子卷起来，插进一根筷子固定住它。

无盐或低盐酸菜

即便是想尽量避免吃精盐的人也能享用酸菜。少盐或无盐的酸菜做法是可行的。我试过3种无盐酸菜的做法。一种是在酒里发酵酸菜，一种是用葛缕子籽、芹菜和莳萝籽替代盐，还有一种做法是用海带替代盐。海带中含有钠和其他海洋矿物质，但是浓度不像我们吃的加碘食盐那么高。我个人觉得加盐的酸菜比无盐酸菜好吃。盐能保证只有某几样微生物能够在环境里生存，因此酸菜在发酵时的味道会更好。盐还能让蔬菜更加爽脆，而加种子制成的酸菜是软的。如果想要少吃盐而不是完全不吃盐，建议改用低盐配方，每次制作时放入1～2茶匙盐（5～10毫升）。

无盐酸菜的保质期比咸酸菜短，所以我单次制作时使用的食材也较少。每次使用1.25磅（600克）卷心菜（大概是一个中等大小的卷心菜）。可以在一升装的玻璃瓶中进行发酵（甚至是密封袋也可以），要注满水没过蔬菜（参见54页的说明）。由于在无盐环境下发酵进行得更快，需要经常尝一尝酸菜，密切关注其发酵程度，大约一周后就把它放进冰箱里。

酒泡酸菜：酒能给酸菜带来甜甜的味道。将卷心菜切丝，与任何你喜欢的蔬菜混合，放进瓶中压紧。然后加入一杯（250毫升）酒。任何酒类都可以，要保证它像盐水一样没过蔬菜。然后按照前文的说明用重物压住酸菜，接着就从上文步骤的第7步开始做。

美味种子酸菜：这是我最喜欢的一种无盐酸菜，主要是因为大量的香料籽像盐一样令卷心菜变得可口。我是从我的朋友和邻居约翰尼·格林威尔那里学到这个法子的，而他是从健康饮食达人保罗·布莱格的书中读到的。

把卷心菜切碎。取葛缕子籽、芹菜籽和莳萝籽各一汤匙（15毫升），碾碎。把菜籽跟卷心菜丝混合，放入罐中压紧。加入少许水（大约1杯，250毫升），让腌渍汁没过蔬菜，然后按照上文所述放上重物，再从前文的第7步开始操作。

海藻酸菜：用海藻取代盐是另一种无盐酸菜的做法。我很喜欢红皮藻，但任何其他海藻都可以用。取一大把干海藻，重量约为1盎司（28克），用剪刀剪成小块，然后放入热水里浸泡一段时间。把泡好的海藻和卷心菜混合起来，也可以加入任何其他你喜欢的蔬菜，将其放入瓶中压紧。加入泡海藻的水，知道液体没过蔬菜。

然后按照上文所述放上重物，再从前文的第7步开始操作。

酸芜菁

酸菜在德国有种经典变体，就是酸芜菁。芜菁是一种不大受欢迎的蔬菜。我们本地的蔬菜商安迪和朱迪·法布里有时候会剩下几大篮子卖不出去的软掉的芜菁。我们的社区经常去他们那里拿走这些过期蔬菜。这些蔬菜最好的年华已经逝去，但营养犹存、尚可入口，趁着还没被送去堆肥先将其吃掉，也算是发挥了它们最大的价值吧。发酵是处理这些临期食材的好办法之一。

我很喜欢芜菁锐利又带着甘甜的味道。发酵会让这种独特的味道更加突出。我很少见社区中的伙伴像第一次吃到我的腌芜菁时那么激动。他们像吃巧克力甜点一样欲罢不能。幸好他们喜欢，因为在我写作这段时间，花园里的芜菁已经泛滥了。你也可以使用芜菁的表亲大头菜来制作酸菜。当然了，把卷心菜和芜菁混在一块发酵也是完全没问题的。

预计时间：1～4周

原料（每0.5加仑/2升）：

5磅/2千克芜菁或大头菜

3汤匙/45毫升海盐

做法：

1. 将芜菁按你喜欢的粗细擦丝。

2. 边擦丝边撒上海盐。盐的用量略多或略少都可，你可以边做边尝一下。

3. 加入卷心菜或任何其他你喜欢的蔬菜、草药、香料。你也可以什么都不加，专心品尝芜菁强烈的味道。

4. 像腌制酸菜一样，加上盖子并放上重物。芜菁的含水量比卷心菜高，所以它不需要酸菜那么长的时间或那么强的压力来挤出水。

5. 数天后检查一下。将表面的霉菌撇掉，把盖子和重物冲洗干净。尝一下你的腌菜。随着时间的推移，它的味道会越来越重。如果天气温暖，几周以内它的味道就会达到你想要的程度。若天气寒冷，你可能得等上数月。

酸甜菜

酸菜的另一种变体是酸甜菜。

预计时间：1～4周

原料（每0.5加仑/2升）:

5磅/2千克甜菜

3汤匙/45毫升海盐

1汤匙/15毫升葛缕子籽

做法:

处理方法与上文的芜菁一样，只是用料改成了甜菜，另外加入整颗或磨碎的葛缕子籽。盐渍后，甜菜渗出的汁水色深而浓稠，像血一样。随着发酵的进行，腌渍汁可能会蒸发掉一部分。你要确保腌渍汁能没过盘子。

如果有必要，再加一些盐水进去，比例是每1杯（250毫升）水加1汤匙（15毫升）盐。酸甜菜可以生吃，也可以被用来做罗宋汤。

罗宋汤

东欧的饮食中会使用酸菜等食材做罗宋汤。利用酸甜菜，你便能做出非常酸甜可口的罗宋汤。

预计时间: 1小时（或更久）

原料（6~8人份）:

2~3个洋葱切碎

2汤匙/30毫升蔬菜油

2个胡萝卜切碎

2杯/500毫升土豆块

2杯/500毫升酸甜菜

6杯/1.5升水

1汤匙/15毫升葛缕子籽

做法：

1. 切碎洋葱。在汤锅里加入蔬菜油，放入洋葱炒至棕色。

2. 加入胡萝卜、土豆、酸甜菜和水。

3. 在干净的平底锅里将葛缕子籽稍微烘烤一下，加进汤里。

4. 大火把汤煮沸，然后转小火煮半小时。

5. 把汤放一段时间再喝味道会更浓。你可以在早上或提前一天准备好这道汤。

6. 重新加热罗宋汤，搭配酸奶油、酸奶或是开菲尔（见第七章）一起食用。

韩国泡菜

泡菜是一种辣味的韩国咸菜，它的种类极其繁多。泡菜的做法是将中国白菜、萝卜、芜菁、葱和其他蔬菜搭配姜、红辣椒、醋、蒜进行发酵，有时还会放入海鲜或鱼露。

泡菜是韩国和朝鲜的国民食物。据韩国食品研究中心统计，韩国的成年人平均每天要进食125克泡菜。这样累积下来，他们进食泡菜的数量就非常惊人了。虽说如今很多人都开始购买工厂生产的泡菜，在家制作泡菜的人数有所降低，但根据前文机构的统计，韩国仍有超过四分之三的泡菜是家庭制作的。每年秋天，韩国的雇主们会按传统给员工们发一笔“泡菜补贴”，供员工们购买食材制作泡菜过冬。

我最近给好友麦克辛的爸爸里昂·韦恩斯坦做了一些泡菜。里昂曾替美国参加过朝鲜战争。泡菜的香气让他想起了那段时光。气味很容易唤起人们的回忆，而泡菜那强烈又辛辣的气息瞬间就带他回到了50年前的战场上。

最近韩国跟日本之间因泡菜贸易而产生了国际纠纷。如今，似乎不少日本人都喜欢上了韩国泡菜。而日本也变成了韩国泡菜最大的出口地。但日本的生产者发明了一种泡菜的替代品，用酸味和其他味道增强剂取代了发酵过程。这种日式泡菜替代物缩短了制作时间，因此它们比泡菜便宜。也因为它们的味道没有那么刺激，所以很多人似乎更容易接受这种仿制品。

为了将泡菜规范为一种发酵食品，韩国向国际食品规范委员会提起了诉讼。“日本人销售的只是用人工调味品泡过的白菜。”韩国斗山集团的管理者罗伯特·金说道，该集团拥有世界上最大的泡菜制造厂。而日本提出，他们的产品是对传统泡菜的改良创新，泡菜已不是韩国独有的食物，正如咖喱非印度所独有，墨西哥卷也早已走出墨西哥。经过了5年多的争论和外交协商，国际食品规范委员会最终做出了裁决，认为发酵的韩国泡菜是泡菜的国际标准。

在某些方面，泡菜的制作跟德国酸菜很接近。二者的区别之一是制作泡菜时，通常需要把白菜和其他蔬菜放在高浓度的盐水中浸泡数小时，令其迅速软化，然后再漂洗干净，用少量的盐进行发酵。另一个区别是，泡菜的制作中会加入生姜、大蒜、葱和红辣椒。泡菜的发酵速度一般比德国酸菜更快。当然，你可以在酸菜坛子里做泡菜，但是我提供的配方分量更小，只要用1升装的玻璃瓶即可。

辣白菜

这是最基本的泡菜。

预计时间：1周（或更久）

原料（1升）：

海盐

1磅/500克中国白菜

1根萝卜或几根红萝卜

1～2根胡萝卜

1～2颗洋葱/大葱，或是一把小葱/几颗红葱头（或更多）

2～4瓣蒜（或更多）

3～4根红辣椒（或更多），取决于你想要的辣度，也可以用其他种类的辣椒，新鲜辣椒、干辣酱甚至是腌辣椒（没

有化学防腐剂）都可以

3汤匙/45毫升（或更多）新鲜姜末

做法:

1.混合4杯水（1升）和4汤匙盐（60毫升）。搅拌至盐全部溶解。

2.白菜切大片，萝卜和胡萝卜切薄片，将蔬菜浸入盐水中，用盘子或者其他重物压上，确保水没过蔬菜，等待几小时或过夜至蔬菜变软。将其他蔬菜加入盐水中，例如豌豆、海带、耶路撒冷洋蓟或任何你喜欢的蔬菜。

3.准备香料：压碎生姜，切碎大蒜和洋葱，去掉辣椒籽，然后将其切碎，也可以整根放进去。泡菜会吸收大部分香料的味道。可以大量加入香料，无须太担心。将香料混合起来（如果你喜欢，也可以加入鱼露。但要检查一下标签，确保它不含化学防腐剂，因为防腐剂会抑制微生物的繁殖）。

4.把蔬菜的水挤干，不要丢掉。尝一下蔬菜的咸度。它们尝起来应该很咸，但不至于齁人。如果你觉得蔬菜太咸了，就用水冲一下。如果太淡，就额外撒上几茶匙（10毫升）的盐搅拌均匀。

5.把蔬菜和姜、辣椒、洋葱、大蒜等混合起来。把所有材料包括上一步挤出的盐水都放入1升装的干净玻璃瓶里。用力压实，直至盐水没过蔬菜。如果有必要，可以加一些之前泡蔬菜的盐水。用一个装满水的小瓶子或是密封袋把蔬菜压下去。如果能记得每天检查一下泡菜，也可以每天用干净的手指把泡菜按压到水面以下。我个人非常喜欢这种融入发酵过程的感觉，而且我特别喜欢在压过泡菜后舔一舔手指，尝尝泡菜的味道。无论是哪种做法，都要把这个瓶子盖起来，防止灰尘和飞虫进入。

6. 可以将泡菜瓶放在厨房或是其他温暖的地方。每天都尝一尝泡菜。发酵一周左右，等泡菜尝起来味道浓郁时，就将其转移到冰箱里。还有另一种更传统的做法是加入更多的盐，放在一个凉爽的地方，例如地窖或者洞里，这样做发酵速度会更慢。

萝卜和根茎泡菜

我对根茎类蔬菜有种天然的亲切感。我很敬佩它们深入土壤的力量。有些植物的根非常粗糙，因为它们要为了获取营养和水源绕过岩石。而另一些则会有美妙的曲线和靓丽的颜色。它们味道不一，有些味道还非常强烈。

有一样根茎蔬菜——萝卜，曾改变了我的生命。这件事发生在2000年的2月。那个冬天早些时候，好像是1月阳光和煦的一天，我决定种下一些萝卜。其实我在这么早的时候就播撒种子更多是一种象征性的姿态，是为了等待萌芽生出时的那一份喜悦，因为我知道冬天种下的大部分蔬菜最后可能都收获甚微。可想而知，天气从那以后越来越冷，我也没看见任何发芽的迹象，所以我就把这些可怜的萝卜彻底抛到了脑后。与此同时，我的腹部有些不适，经过一系列检查后，我住进了医院。

跟我在森林里的户外生活截然不同，医院的生活几乎是彻底隔绝大自然的。窗户是密封的，所有的一切都是白色，散发着消毒水的气息，食物都经过了额外的处理，而他们还要把化学药物从我的嘴巴、静脉和肛门注入我的体内。我非常恐惧，无时无刻不想回家。有一天晚上，我梦见了自己种下的萝卜，醒来以后，我好像真的看见萝卜发芽了。那副景象非常真实。我觉得我好像获得了与植物沟通的能力。

出院那天，我很晚才回到家，没来得及去菜园查看。我问我的同伴们有没有发现萝卜发芽了，他们都说没看到。好吧，那只是个梦，我心想。第二天早上，我去了菜园，然后你猜怎么样，萝卜发芽了！瘦弱、微小的幼苗们以强大的生命力向着太阳生长着。从此，萝卜就成了我的植物图腾。它非常容易种植，它的味道强烈、辛辣，颜色和形状多到数不清。在我最恐惧的那段时间，萝卜给了我希望，提醒我植物是多么的伟大。

说回泡菜。萝卜泡菜是韩国的传统食物。韩国人也会使用芜菁。但你也可以加入任何其他的根类植物，你可以用任何自己喜欢的蔬菜加上经典的泡菜配料——生姜、萝卜、红辣椒和洋葱一起发酵。在这份泡菜里，我在传统的辣味香料里又加入了磨碎的山葵。

你可能对这个配方里的部分根类不太熟悉。美国很多地区都有牛蒡。它有很高的药用价值，能促进淋巴等腺体的流动，清洁血液，加速皮肤、肾脏、肝脏等器官的新陈代谢。牛蒡富含微量元素，有延年益寿的功效。“牛蒡能滋补人体中最不受注意的器官，”草药学家苏珊·S·韦德写道，“牛蒡能固元养生。”

牛蒡有一种土味。我觉得没有比它更能代表大地的食物了。牛蒡常见于日式料理中，日本人叫它“Gobo”。很多健康食材商店会出售牛蒡。牛蒡还是种常见野菜。我采摘的第一棵野生牛蒡来自纽约的中央公园。很多人都觉得吃野菜很可怕。确实，我也对城市里的环境污染有所顾虑。但我又非常敬佩能够在钢筋森林中生存下来的野菜。我很推崇这种顽强的品质。如果你也想采摘野生牛蒡的话，要确保你挖的是第一年生根。因为牛蒡是两年生植物，到了第二年，它地面上的部分会长得很高，而且浑身都是让人讨厌的毛刺，根也会变得像木头一样嚼不烂。

耶路撒冷洋蓟跟朝鲜蓟完全不同。这种多节块茎植物是向日葵家族里的一员，土生土长于美国东部，它们吃起来脆生生的，像菱角一样。很少有商店出售耶路撒冷洋蓟，最好去农夫市场找寻它的身影。但它们可能是最容易种的蔬菜之一。一旦你种下了它，它们就会年复一年地长出来。

预计时间：1周

原料（每1升）：

海盐

1～2个白萝卜

1根小牛蒡

1～2个芜菁

几颗耶路撒冷洋蓟

2根胡萝卜

几颗小红萝卜

1小颗新鲜山葵（或是一汤匙磨碎的、不含防腐剂的山葵）

3汤匙/45毫升（或更多）新鲜姜碎

3～4瓣蒜（或更多）

1～3颗洋葱/大葱，或是一把小葱/红葱头

3～4颗红辣椒（或更多），或任何你喜欢的辣椒，新鲜的、干的辣椒甚至是（无化学防腐剂的）泡辣椒都可以

做法：

1. 将3汤匙（45毫升）盐加入4杯（1升）水中。

2. 将白萝卜、牛蒡、芜菁、耶路撒冷洋蓟和胡萝卜都切片，将其浸入盐水中。如果这些根类蔬菜都是新鲜和有机的，就不需要去皮，皮是很有营养的。要尽量切薄片以方便入味。我喜欢将它们切成半圆的薄片，你也可以切成火柴粗

细的丝。把小红萝卜整颗丢进盐水里。用一个盘子或是其他重物把蔬菜压在水面以下，等待数小时或过夜，直至蔬菜变软。

3. 从基础泡菜（辣白菜）的第3步开始继续操作，在香料里加入磨碎的山葵。

水果泡菜

我最近在田纳西认识了一个邻居，她叫南希 · 拉姆西。我们无意间聊到发酵时，她告诉我自己也非常喜欢吃和制作泡菜。她曾经在韩国传教13年，因此她非常了解泡菜（不过她对于传教的看法已经完全改变了，如今她正在写一本书，反思传教行为给当地文化造成的负面影响）。

南希说自己最喜欢的泡菜是水果泡菜，但她从没在美国见过它们。第二天，我便去镇上买了一包水果放进我的泡菜缸里。水果甜甜的味道中和了泡菜冲鼻的酸辣，并且产生了一种意想不到的风味，我从没尝过这样的味道。

预计时间： 1周

原料（每1夸脱）：

¼个菠萝

2个去核的李子

2个去核的梨

1个去核的苹果

1小把葡萄

½杯（125毫升）腰果（或其他坚果）

2茶匙/10毫升海盐

1个柠檬，榨汁

1小把香菜，切碎

1～2根新鲜的墨西哥辣椒，切细

1～2根红辣椒，新鲜或干燥的皆可

1根大葱或1颗洋葱，切碎

3～4瓣蒜（或更多）切碎

3汤匙/45毫升（或更多）生姜末

做法：

把水果切成可入口的大小。若你喜欢的话，可以削皮。葡萄保持粒粒完整。加入任何其他你喜欢的水果。加入坚果。在一个大碗里混合水果和坚果。加入海盐、柠檬汁和香料们，搅拌均匀。

将以上混合物放进干净的1升容量的瓶子里。不断地压紧，直到腌渍汁没过食材。如果必要的话，可加入少许水。从辣白菜做法的第5步开始继续操作。随着泡菜逐渐发酵成熟，它会散发出馥郁的酒香。

酸黄瓜

作为一个在纽约长大的犹太人，我的生活离不开酸黄瓜。市售的大多数酸黄瓜，甚至是家庭装的腌菜，都是用醋泡的。但我觉得酸黄瓜应该采用发酵的方式制作。

做酸黄瓜需要特别耐心和仔细。我的第一罐酸黄瓜口感软趴趴的，一碰就碎，非常难吃。原因大概是我的放任不管，也可能是因为我放的盐不够多，以及田纳西州太炎热的天气。不过，还是那句话“我们的完美存在于我们的不完美之中”。毕竟，我们面对的是神秘莫测的生命活动，发酵难免会有失败的时候。

但我还是坚持不懈。一想到曼哈顿下东区的古斯腌菜商店里酸辣爽口的大蒜莳萝泡菜，和上西区巴比健康食品商店里的酸菜，我就动力十足。事实证明，腌菜一点也不难。你只需要在黄瓜大量上市的夏天定期查看一下发酵情况就可以了。

评判腌菜好坏的标准之一就是脆度。在坛子里放入鞣酸丰富的新鲜葡萄叶能有效保持蔬菜的爽脆。如果有机会去葡萄园摘葡萄叶，我很推荐这种方式。我也喜欢用酸樱桃的叶子、橡树叶和山葵叶子，它们都有助于保持腌菜的脆度。

各种酸黄瓜制法里最大的区别在于盐水的浓度、温度和黄瓜的大小。我更喜欢小至中等大小的黄瓜，太大的黄瓜做出来的腌菜有时候会发硬甚至烂心。我并不追求大小的一致性，但会先从小的开始吃，因为黄瓜越大，所需的发酵时间越长。

在不同的习俗和菜谱里，盐水的浓度都不一样。盐的多少一般用重量来表示，有时也会用体积来表示。不过，在大多数家庭厨房里，我们估算体积更为方便，所以下面的菜谱我都会把重量换算成体积：在每1夸脱水里加入1汤匙/15毫升（大约6盎司重）海盐的话，能够得到1.8%的盐水。因此在1夸脱水里加入2汤匙海盐能得到3.6%的盐水，3汤匙的盐能得到5.4%的盐水，以此类推。

有些老配方里的盐水浓度非常高，甚至能浮起一个鸡蛋。这种盐水的浓度大约是10%。高浓度盐水的好处是能把腌菜保存相当长一段时间，但如此制作出来的腌菜过咸，必须在清水里浸泡一段时间才能食用。而浓度约为3.5%的淡盐水泡出来的是所谓的“半酸”黄瓜。本书配方采用的是5.4%的盐水，能做出够酸够咸的腌菜。你可以不断尝试，找到合适的浓度。总体上应该把握的原则是：夏天加入更多盐，延缓微生物在高温下的繁殖速度；冬天则降低盐水浓度，因为微生物在低温环境里本身就生长较慢。

预计时间：1~4周

工具：

陶瓷罐或食品级的塑料桶

能恰好放入陶瓷罐或者塑料桶内部的盘子

装满水的1加仑/4升大小的瓶子，或是其他重物

一块布

原料（每1加仑/4升）:

3～4磅/1.5～2千克带皮黄瓜

6汤匙/90毫升海盐

3～4棵新鲜莳萝，或是3～4汤匙（45到60毫升）任何形式的莳萝（新鲜的、干制叶子或是种子均可）

2～3头大蒜，去皮

1把新鲜葡萄叶/樱桃叶/橡树叶/山葵叶

1小把黑胡椒

做法:

1. 黄瓜洗净，去蒂，动作要轻柔，以免破损。如果使用的不是当天新鲜采摘的黄瓜，先把它们放在极冷的水里浸泡数小时，令其恢复脆嫩。

2. 在1/2加仑（2升）水里加入海盐，搅拌至完全溶解。

3. 将陶罐刷干净。在其底部放入莳萝、大蒜、新鲜葡萄叶（或其他叶子）及1小把黑胡椒

4. 将黄瓜放入坛中。

5. 往坛中倒入盐水，确保盐水没过黄瓜。然后放进盘子盖住黄瓜，再用装满水的玻璃瓶压住盘子。继续加入盐水，比例为每1杯水放1汤匙盐。

6. 用一块布蒙上坛子，防止灰尘和飞虫进入。把坛子放在阴凉的地方。

7. 每天检查一下。撇去表面的霉菌，但若你无法完全去除它们也不要紧。如果水面上有霉菌，要把盘子和重物冲干净。隔几天尝一下腌黄瓜。

8. 在黄瓜发酵的过程里你可以取一部分出来试吃，感受发酵程度的不断变化。仍然要每天检查坛中情况。

9. 4周之后（具体情况随温度而定），黄瓜会彻底变酸。将其转移到冰箱里，以延缓发酵速度。

混合酸腌菜

以上的方法不止限于腌黄瓜。你还可以用同样方式腌制很多蔬菜，唯独过于成熟软烂的番茄不行。我还记得自己曾经在初冬时腌了第一坛酸腌菜，然后我们就马不停蹄地不断放入蔬菜，一直到夏末，我们把菜园子里晚熟的西葫芦、整颗红辣椒、小茄子、绿色番茄和豆角都放入坛子里了。还用了很多罗勒，它给腌菜增添了一种别样的香气和甜味。我尤其喜欢小茄子。经过腌制，它们的深色渐渐褪去，外表变得斑驳又美丽。我也很喜欢绿番茄，特别是李子番茄。那一次我调制的盐水稍浓，腌菜也偏咸，所以我又补充了一些水进去。我们靠着这坛腌菜，把夏季的蔬菜一直吃到冬天。

腌大蒜

我是个嗜蒜如命的人，相信生蒜有神奇的疗效，所以我坚持天天吃大蒜。一坛腌菜吃到最后，你会发现坛子里只剩下大蒜和其他的调味料了，它们寂寥地漂浮在水面上，或是孤零零地沉在坛底。

我一般会把完整的蒜瓣从坛子里捡出来，用泡菜水把它们封存在一个瓶子里，放进冰箱，或是放在厨房的角落里让它们继续发酵。此时的大蒜仍非常辛辣，但又吸收了坛中其他蔬菜和香料的味道。我会用这样的蒜做菜（或直接生吃）。

我也喜欢用泡蒜水做菜，因为其中充满了蒜味，作为沙拉汁最合适不过了。直接取一小碗泡菜水喝，对消化也很有好处。如果你也喜欢大蒜，可以直接跳过腌蔬菜的步骤，干脆在坛子里全放上大蒜。

泡菜水——助消化良药和上好的汤底

盐水的作用不仅仅是给蔬菜提供一个发酵环境，它也是所有蔬菜和香料的味道得以释放并相互交融的场所。在泡菜水咕嘟嘟冒泡的过程里，本身的味道也越来越浓郁。不管是酸菜水、泡蒜汁还是腌菜水，都是促进消化的良药。

吃完所有的腌菜以后，你很可能会发现坛中剩下了大量的泡菜水。而它们又酸又咸，不是直接饮用能消耗完的。可以试着用它们作为汤底。在俄罗斯，人们把腌菜水叫作“罗宋”，而用它做成的汤就是罗宋汤。在腌菜水里加入清水，将其稀释到你喜欢的咸度，然后放入蔬菜（包括腌菜）和少许番茄酱。再放入适量酸奶油，把汤烧热即可。

马利筋/金莲花荚果“酸豆”

酸豆是一种被称为刺山柑的地中海植物的花蕾，我没亲眼见过这种植物，但酸豆在市面上随处可见。它饱满的酸味主要得益于发酵过程，有不少其他的花蕾和豆荚也完全能按此方式来处理。

有一回，我跟朋友丽莎·卢斯特吃酸豆的时候情不自禁地说起了自己有多喜欢它们。这些小小的“豆子”就像衣服上的配饰，只需加一点点就能彻底改变食物的风味。这时，丽莎注意到，菜园里马利筋的藤蔓上长了很多豆荚，于是她提议用它们来发酵。于是我们就做了一点，果然味道很好，我敢说比酸

马利筋

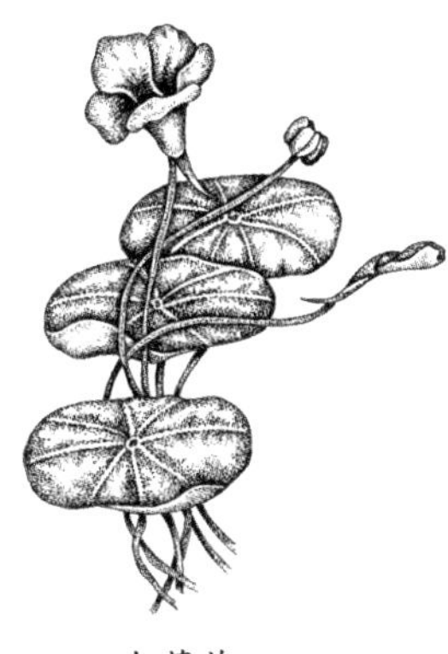

金莲花

豆还要好吃。你在商店里可买不到马利筋豆荚，虽然它是种随处可见的野菜。炎热的夏天，藤蔓上的花朵掉落之后，豆荚就会长出来。要趁豆荚还小的时候就把它摘下来，越嫩越好。

金莲花荚果是酸豆的另一种很好的替代品，做法也一样。它们会在夏末花朵凋谢的时候出现，看起来沟壑丛生，像小小的绿色的脑子。它们的味道跟马利筋的叶子还有花朵一样，都有些辛辣。

预计时间：4～7天

原料（每1品脱/500毫升）：

1.5杯/375毫升马利筋或金莲花荚果

海盐

1～2头蒜

做法：

1. 采摘荚果。一定要趁它们幼嫩的时候采摘。马利筋的荚果能长到很大，口感会变得老而苦涩。

2. 按照1杯水（250毫升）加入¾汤匙（12毫升）盐的比例制作盐水。

3. 在1品脱（500毫升）的瓶子里放入荚果和大蒜，只要你有耐心剥皮，能放多少放多少。

4. 把盐水浇在荚果和大蒜上，直到水没过它们。

5. 用重物把荚果和大蒜压在水面以下。可以是一个较小的、装满盐水的瓶子，也可以是一个装满盐水的密封袋。不需要十全十美。只要保证荚果不会浮在水面上就好。

6. 每天尝一下你的腌酸豆。大概4天以后，我们的酸豆尝起来就挺不错了，但还稍显寡淡。一周以后，水面上长出了一层霉菌。我将它们撇掉，又尝了一下酸豆们，此时它们变得无比美味。

7. 将发酵成熟的酸豆放进冰箱，随用随取。

日式米糠渍菜

米糠渍菜是一种传统的日本发酵食物。它的做法是在坛子里装满有吸水性的米糠，并混合入盐、水、海带、生姜、味噌等，有时还会加入啤酒或者白酒，然后将蔬菜放入进行腌渍。这种浓郁的腌料能在一天之内便腌好整颗蔬菜，你也可以等待得更久一些，让蔬菜持续发酵。我通常会将整颗蔬菜放入米糠里腌制，然后再把它层层剥开食用。这种方式能让蔬菜很快变酸，并吸收其他配料的味道。

对我来说，麦麸比米糠更易得。麦麸就是谷物们纤维质的外皮，它们会在精制谷物的处理过程中被去掉。用麦麸也能做出很好吃的日式渍菜。米糠和麦麸的腌料都需要花几天来准备。但它可以说用之不竭，你做了第一坛米糠渍菜，就可以不断地往里面加入新的蔬菜。

预计时间：数日，并可持续制作

工具：

陶瓷罐或者食品级的塑料桶

能恰好放进坛子内部的盘子

1加仑（4升）装的、装满水的瓶子，或其他重物

1块布

原料（每2加仑/8升的坛子）：

2磅/1千克麦麸或米糠

3~4英寸/10厘米长的昆布或其他种类海带一根

90毫升海盐

125毫升味噌

250毫升啤酒或清酒

1英寸/2.5厘米长的姜一块，切碎

2~3个芜菁、胡萝卜、萝卜、青豆、豇豆、黄瓜，或其他当季蔬菜

做法：

1. 在铸铁锅或其他材质的厚底锅里把米糠/麦麸烘干。保持小火并不断翻炒，以防烤煳了。烘烤的过程能逼出麦麸里的香气，但这一步并非是必不可少的。等到麦麸全部变热并散发出香气时，便可关火。

2. 把1杯（250毫升）沸水倒在海带上，等待大约30分钟，将其泡开。

3. 混合盐水。把90毫升海盐加入1.25升水里，搅拌至充分溶解。

4. 取1杯（250毫升）盐水与味噌混合。不断搅拌至味噌完全化开后，将混合物倒入剩余的盐水中，并加入啤酒或清酒。

5. 把泡海带的水加入盐水里。

6. 把烘好的麦麸放入坛子中。加入海带和生姜。倒入盐水并搅拌均匀。要保证液体与米糠充分地混合在一起，不要留有成球的干燥麦麸。

7. 把蔬菜整颗整颗地放入腌料中。

8. 加盖，并用重物压紧。如果隔天你发现盐水没有没过麦麸，就添一些盐水进去，比例是每1汤匙（15毫升）盐对应1杯（250毫升）水。如果盐水比盖子还高出1英寸（2.54厘米）或更多，就舀出少许盐水，或是减轻重物的重量，让麦麸能够保有更多的水分。

9. 在最开始的几天里，每天都要把旧的蔬菜取出来，并加入新的蔬菜。因为此时腌料还在不断地发酵中，新鲜的蔬菜能够让它产生更多乳酸。确保每次新加入的蔬菜都被麦麸完好地包裹住。而你取出来的蔬菜，可能会好吃，也可能不太好吃。有些配方里要求人们把它们扔掉。但我挺喜欢它们的味道的。你可以尝一下再决定。等到取出的蔬菜吃起来足够酸爽美味时，就不需要每天更换蔬菜了。可以让蔬菜在坛子里腌制得更久一些，“泽庵渍”就是把萝卜放入米糠里腌制3年而成的。

10. 用手把蔬菜从坛子里捞出来。用手指尽可能地把蔬菜上的麦麸拨下来，并放回坛中。将蔬菜冲洗一下，若觉得太咸，可将它们放进清水里浸泡一段时间。然后就可以切片食用了。这些蔬菜会充分吸收坛子里所有食材的味道，海带、生姜、味噌以及啤酒或清酒。

11. 腌过菜的麦麸可以无限次重复利用。如果它们从蔬菜里吸收了太多水分，变得湿答答的，可以用碗按压一下麦麸，把多余的水分压出来。如果剩余的麦麸太少，要再烘干一些麦麸加进去。蔬菜会带走腌料中的盐分，为了保持良好的发酵环境，需要不断地补充盐进去。每次放进新的蔬菜时，都要加入少量的盐。而坛中剩余的生姜和海带也非常美味，可以把它们吃掉，再补充些新鲜的生姜、海带、味噌、啤酒或清酒，偶尔为之即可，每次不要加太多。若长期不在家，要记得把坛子放在一个阴凉的地方，例如地窖或冰箱里。

干腌菜

干腌菜Gundru，又叫作Kyurtse，是由绿色蔬菜制成的一种味道非常浓郁的酸菜。它是尼泊尔人民的传统发酵美食。我是从一本藏族食谱里学到这种做法的，那本书叫《藏族生活与食物》，作者是瑞金多日。这种酸菜的特别之处在于它的发酵是由绿色蔬菜本身完成的，不需要添加任何盐或其他材料。我用芜菁叶子做了干腌菜。每一夸脱（1升）腌菜大概要用到8颗蔬菜。你也可以使用萝卜的绿叶、山葵的绿叶、甘蓝或是羽衣甘蓝，除了生菜以外的任何十字花科家族里的绿叶都可以用来做干腌菜。

预计时间：数周

工具：

1夸脱（1升）大小的瓶子

旋转瓶盖

擀面杖

原料（每1夸脱/1升）：

2磅/1千克左右绿叶菜

做法：

1. 选一个阳光明媚的日子，先把绿叶菜放在阳光里晒上数小时，令其脱水。

2. 用擀面杖用力碾压已经脱水的叶子。这一步是为了挤出叶子里的汁液，但千万别把渗出来的汁液丢弃。

3. 把叶子和汁液装进瓶子里。用力把叶子全部塞进瓶子里，可以用手边的任何工具来辅助。在拼命挤压叶子的过程里，会有更多的汁水渗出来。亲手制作的时候你可能会大吃一惊，想不到这么一个小小的瓶子能装进如此多青菜。一直塞到瓶子里再也装不下任何绿叶，而汁水也没过了青菜，便可以停止了。此时应该会闻到菜汁那辛辣而又刺激的气味了。

4. 把瓶盖扭紧。把瓶子放在一个温暖、阳光充足的地方，等待至少2~3周，再久一点也可以。

5. 数周之后，打开瓶盖，会闻到瓶子里的菜叶散发出异常浓烈的辛辣气息。干腌菜的味道非常浓郁。大胆尝一下吧。可以把它们切片，作为小菜食用。

6. 也可以把它们晒干，然后用腌菜干煮汤，尼泊尔人在冬天里就是这样做的。在晒干腌菜的时候，要把它们挂在绳子上，然后放到阳光里暴晒。一定要保证叶子完全晒干了，再把它们贮藏起来，否则菜干会发霉的。

延伸阅读

1. 黛博拉·库尔特里普-戴维斯，英淑·拉姆齐：《韩国风味：美味的素菜》，布克出版社，1998。
2. 特里·维万特：《食物保鲜：旧世界技法与菜谱》，切尔西·格林出版社，1999。
3. 劳拉·齐德里奇：《腌渍的喜悦》，哈佛大学出版社，1998。

第六章

豆类发酵

豆科植物是重要的蛋白质来源。特别是黄豆，它被公认含有丰富而多样的蛋白质。在东亚地区，黄豆被看作“地里长出来的肉”。可惜，黄豆非常坚硬，难以消化。煮黄豆给人们的普遍印象就是食用后会胀气，无法消化。而发酵能帮你“预消化”豆子，将复杂的蛋白质分解成能被人体吸收的氨基酸。令其发酵是我们吸收豆科植物里丰富营养的最有效的途径。另外，当豆类跟谷物在一起发酵时，能够产生一种完整蛋白质，其中含有人体所必需的所有氨基酸。

美国是世界上最大的黄豆产区。但这些黄豆并没有变成人类食物。它们中的绝大部分都被用作家畜饲料和榨油原料了。黄豆的副产品还可以被用来制作塑料、胶黏剂、涂料、墨水和溶剂。在有关世界性饥饿的讨论里，黄豆已经成为一个有力的象征。

“大量的优质食物都被喂给动物了。”弗朗西斯·摩尔·拉普在《一颗小星球上的饮食》里说。[①]她估算了一下，我们大约需要给一头牛喂21磅蛋白质才能得到1磅可供人类吸收的肉类蛋白质，对于我们这个仍有成千上万人在饥饿里死去的世界来说，这是可耻的巨大浪费。《一颗小星球上的饮食》在美国的上一代人里掀起了素食主义的热潮，素食文化从亚洲的饮食传统里汲取了很多豆类发酵品，例如味噌、豆豉和酱油。实际上，素食主义和豆类发酵之间的联结由来已久。古代的各种酱料是把鱼和肉用很多不同的方式进行发酵而得到的。中国的古人孔夫子认为“不得其酱，不食”。[②]

豆制品传播到了亚洲的其他地区，包括日本。日本也有自己传统的鱼类发酵做法，它被叫作“Hishio”（译作酱）。进入日本以后，豆类发酵又被再次改良，到901年时，日本已经有了关于味噌的文字记录。

镰仓时代，即1185～1333年，味噌的食用在日本流行开来。此时，日本的武士阶层推翻了生活奢靡的幕府。新统治者倡导

① 弗朗西斯·摩尔·拉普：《一颗小星球上饮食》，巴尔的摩出版社，1997，5页。
② 威廉姆·舒特里夫，青柳晶子：《味噌全书》，十速出版社，2001，214页。

简朴的生活方式，鼓励以米饭为主食，辅以蔬菜、豆类和海鲜。味噌汤正是出现于这个时期，并很快大受欢迎。根据威廉姆·舒特里夫和青柳晶子所著的《味噌全书》一书中的说法：“味噌已成为日本大众饮食的象征符号。”[①]时至今日，味噌汤仍然是日本饮食文化的基石之一。

制作味噌

味噌是一种独特的基础食材，它往往需要发酵数年才能完成。它代表了中国传统阴阳文化里的阳。在日本的民俗里，味噌始终与健康和长寿的概念息息相关。

味噌对健康的好处之一是它能抗辐射和促进人体排出重金属。日本的广岛和长崎遭受了核弹轰炸以后，一个名为秋月真一郎的医生发现了这一点。核爆发生那天，秋月医生刚好去城外了，而医院被炸成一片废墟。他回到长崎，治疗爆炸后的幸存者们。他跟同事们每天都喝味噌汤，在长期接近辐射物的情况下，竟从未患上任何核辐射病。这促使秋月医生对味噌进行了研究，发现其中包含一种名叫吡啶二羧酸的生物碱，它可与重金属结合并将它们带出体外。[②]如今人人都有可能受到各种辐

---

① 威廉姆·舒特里夫，青柳晶子：《味噌全书》，十速出版社，2001，218页。

② 威廉姆·舒特里夫，青柳晶子：《味噌全书》，十速出版社，2001，25-26页。

射的影响，因此吃一点味噌是很有必要的。

我吃到的第一份味噌出自朋友疯狂猫头鹰博士之手。猫头鹰博士如今已经70多岁了。30多年前，他放弃了统计分析的工作，投身到中药研究里。他是个勇于实践的人，对自己的信仰坚定不移。他非常推崇味噌的疗效。猫头鹰博士制作味噌已经很多年了，他也带了一些给我们。

猫头鹰博士的自制味噌浓郁又美味。它鲜活的味道促使我开始学习制作味噌。从那个冬天开始，我已经做了数不清多少罐味噌。在我做过的所有发酵食物里，味噌是最受欢迎的。很少人会自制味噌，但只要尝过这个味道就很难不爱上它。做出属于你的味噌并跟你爱的人们分享，是一种表达爱意的绝佳方式。

制作味噌需要极高的耐心。大多数味噌都需要发酵至少一整年。它的做法本身是非常简单的，等待是整个过程里最难的部分。过去人们一般会在比较凉爽的季节做味噌，因为此时空气里的微生物活性很低。但我也曾在炎热的夏季做过它，结果竟然很不错。

虽说传统的味噌是由黄豆制成的，其实也可以用任何一种或几种豆科植物来制作它。我曾使用过鹰嘴豆、利马豆、黑龟豆、豌豆、扁豆、黑眼豌豆、芸豆、小豆等。每种豆子的颜色和味道都不同，做出的味噌也会有不同的色泽和口味。可以尽情使用自己喜欢的豆子，大胆试验！

了解“曲”

“曲”是大米等谷物受到曲霉菌感染后形成的产物，它是味噌的酵头。严格来说，它不能算是自然发酵的产物。当然，你可以通过自然发酵来得到它。如果是适宜的环境，例如传统的味噌商店，甚至是家里的地下室，确实可以培养出足够的曲霉菌，但这可能要花上好几年。如果不想等待数年才得到酵头，亚洲超市或是某些健康食品超市是个好去处。也可以去找一找当地的味噌制造厂，看他们能否给你一点儿曲。

红味噌

这种味噌味道浓郁而且很咸，它需要至少一年的发酵时间。这是一种传统的味噌，用黄豆制成。也可以使用不同的豆子，它的色泽会产生变化。

预计时间：一年或以上

设备：

陶罐或食品级的塑料桶，容量不低于1加仑/4升

能恰好放进罐子里的盖子（盘子或是木板）

重物（刮干净并且煮过的石头）

布或塑料（用来盖罐子，防止灰尘和飞虫进入）

材料（每1加仑/4升）：

4杯/1升干黄豆

1杯/250毫升海盐，另外准备60毫升海盐用来擦坛子

2汤匙/30毫升活性、未经巴氏杀菌的成熟味噌

5杯/1.25升曲（大约850克）

做法：

1. 将黄豆浸泡过夜，再煮至柔软。注意不要把豆子烧焦了。

2. 将黄豆滤干，留下煮豆子的水。

3. 把1杯海盐（250毫升）倒入2杯（500毫升）煮豆水，搅拌至完全溶解，并放凉。

4. 把豆子磨到喜欢的细腻程度，我一般会用压土豆泥的工具，让豆子保留一些口感。

5. 检查一下盐水的温度。不需要温度计，用手指测试一下即可。如果觉得温度比较舒服，就可以取一杯盐水出来，并把成熟的味噌加进去。然后再把混合物倒在剩余的盐水里，再加入曲。

最后，把所有混合物倒入磨好的豆子里，搅拌均匀。如果它们看起来比你一般用的味噌要稠，可以再添一些煮豆水或是清水进去，直至达到喜欢的浓稠度。这就是你的味噌！

6. 用湿手蘸取一些海盐，擦拭容器的底部和内壁，防止味噌的底部和边缘产生其他微生物。

7. 把味噌装进坛子，压实。把表面一层抹平，再撒上一层海盐。不要担心顶部太咸，因为最后吃味噌的时候会把顶层刮掉的。

8. 给坛子加上盖子。最理想的盖子是一个形状跟坛子恰好契合的硬木盖，但我一般会找一个能放进坛子里的最大的盘子。再在盖子上加上重物。我找到了一块石头，把它刮干净又煮沸了。重物一定要够重，这就像做酸菜一样，要保证固体发酵物位于盐水以下。用塑料袋、干净的布或者是硬纸把毯子盖上，并且用绳子将其扎紧。

9. 用油性笔在坛子上标注。标签非常重要，如果有好几坛年份不一的味噌，这是区分它们最方便的凭据。把坛子保存在地窖等阴凉干爽的地方。

10. 等待。在第一个夏天过去后，可以在秋天或冬天尝一下味噌。这就是所谓的一年味噌。味噌发酵的年限是用过了几个夏天来计算的，因为夏天是发酵最活跃的阶段。尝完后要小心地重新封口，再在最顶上撒一层海盐。然后一年后再拿出来尝一尝。随着时间的推移，味噌的味道会越来越浓郁成熟。最近我有幸尝到一些发酵9年的味噌，它的味道就像陈年美酒一样醇厚。

11. 小提示：发酵数年的味噌最上面那一层肯定是丑陋又恶心的。可以把它撇掉，用它堆肥，但下面的味噌是非常美味的。我通常会一次性取出5加仑（20升）左右的味噌，然后把它们保存在完全干净的玻璃罐里。如果罐子的盖子是金属的，我会在罐口放一张蜡纸，并把罐子保存在地下室里。味噌会在罐子里继续发酵，罐子里的压力会越来越高，需要定期打开盖子把压力释放出来。味噌的顶部可能会发霉，就像坛子里一样，只要把这一层撇掉即可。如果嫌这些步骤太麻烦，可以把这些罐子放在冰箱里。

甜味噌

味噌种类繁多。不同的豆子和谷物，不同比例的盐分和曲，不同的发酵时间等都会让味噌的口味大相径庭。甜味噌就跟广为人知的红味噌不一样，它非常甘甜。甜味噌里的盐分仅有豆子的二分之一，是曲的两倍。它的发酵时间比红味噌短很多，最多2个月就能做好，所需环境温度也比较高。

预计时间：4～8周

工具：跟红味噌相同

材料：

4杯/1升干豆

½杯（125毫升）海盐

10杯/2.5升曲（大约3.5磅/1.5千克）

做法：

甜味噌与前文的红味噌做法基本一致，只需在前文步骤上加入如下改动：

1. 盐的分量是½杯，而不是1杯；曲的分量是10杯，而不是5杯。

2. 甜味噌不需要用成熟味噌作为引子。原因是成熟味噌里含有多种微生物，包括乳酸杆菌。而甜味噌的甜味来自曲的直接发酵，要在乳酸杆菌产生前就把味噌取出来。

3. 因为发酵时间较短，就不需要用盐擦坛子了。

4. 把坛子放在你厨房里不起眼的角落，或者任何温暖的地方。甜味噌在温暖的环境里发酵更快。制作一个月后就可以尝一下了。可以取出一些放在冰箱里，再把坛子重新封好，更换新的盖子、重物和外层的布。

5. 继续让它发酵几个星期到一个月。你会注意到其中的曲仍然颗粒完好。把味噌放进食物处理器里，加水搅拌成顺滑的糊状。把味噌放进完全干净了的玻璃罐中保存。如果罐子的盖子是金属的，就加一层蜡纸，因为味噌会让金属生锈。甜味噌最好被保存在冰箱里。如果发现罐子里最上面一层有霉菌，就把它们撇掉，然后享用下层的味噌。

味噌汤

享用味噌最传统的方式就是味噌汤了。它就像犹太祖母们做的鸡汤一样，温暖又慰藉人心。我没喝过比味噌汤更顺滑的东西了。

制作味噌汤时，注意一定要最后才放入味噌。味噌汤最简单的版本就是热水加味噌，比例大概是每250毫升水里加15毫升味噌。不要把汤烧开，这样会杀死味噌里微生物的活性。

另一方面，味噌汤可以是你能想到最复杂的食物。我一般会先在水里加入海带，海带有一种复杂又鲜美的味道。它营养丰富，还有治疗功效。它的益处之一是其中含有的名为海藻酸的成分能与铅、汞等重金属，或是锶90等放射性元素结合，再把它们带出人体外。

海带还能调节心血管功能、帮助消化、促进新陈代谢等。我不管做什么都喜欢放点海带进去。我的味噌汤里总是有海带。日本的高汤就是用一种叫“昆布”的太平洋海带熬制的。我自己的海带是从缅因的海边捡到的，那里没有昆布。但你在北大西洋能找到它的替代品，叫“掌状海带”。掌状海带又厚又硬，每根茎上都会长出几条波浪形的绿色带子。

关于掌状海带，我有一段深刻的记忆。我曾跟海藻采摘人马特和赖沃一起在缅因州的斯酷迪半岛摘海带。我们早晨4点钟就起床了，穿上叫人喘不过气的紧身衣，然后开车去码头。我们上了一条马特亲手打造的小船，还拖了一个更小的木船，也是他亲手做的。薄雾笼罩下的黎明里，水面平静，天空、海洋和陆地都灰蒙蒙地融为一体，我不禁担心起两个向导要如何找到方向。我们见到了海鸥和海豹。浪渐渐大了起来，我们的船离开港口，驶向浩瀚的大海，去寻找掌

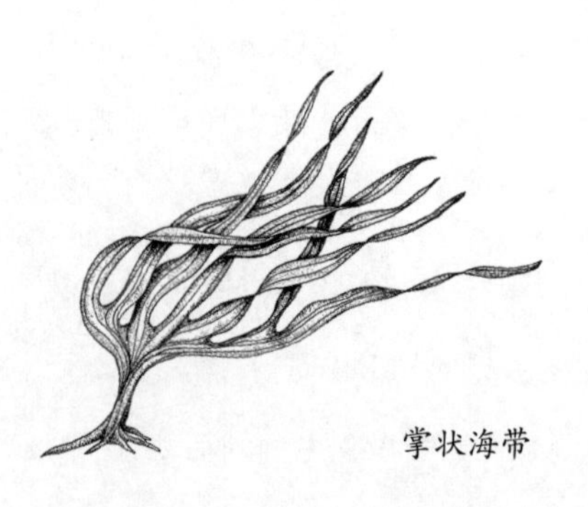
掌状海带

状海带。

我们在海浪还没那么高时到达了目的地。海带采摘工作是根据潮汐状况而定的。马特和赖沃每个月的采摘工作都集中在潮汐最低的那周进行。我们从大船跳进小船里，然后向不远处一棵掌状海带驶去，它长在海底的一块岩石上。逐渐靠近之后，我们便跳进了刺骨又动荡的海水里。马特和赖沃转头回到小船上，让船时刻靠近目标，这样我们才能把收货的海带拖回船上。

水里只剩下我一个人，手里拿着一把锋利的刀子。我需要站在岩石的边缘上，然后用刀把海带的叶子部分割下来带走。虽然听上去简单，可做起来却跟想象不一样。海浪一个接一个地打过来，我逐渐从2英尺深的地方滑到了5英尺深的地方。为了摘海带，我得把连头部在内的整个身体深入到海水里，有一半的时间用来抵抗要将我从岩石上冲下去的海浪。

那个早上，我跟这棵海带搏斗了很久。好不容易切下足够的叶子后，我还得把它们扔进船里。而动荡的水面让这难上加难。虽说我最后只收获了一丁点儿海带，可这段经历实在是太有意思了。采摘了几轮以后，潮汐逐渐高了起来，我们就该离开了。上午，我们带着一船滑溜溜的海带回到了港口。

回到马特和赖沃的家里后，脱下了紧身衣，吃了早饭，然后把收获的海带全部挂起来风干。我们必须一根一根亲手处理每根海带。几个小时以后，手上沾满了滑溜溜的黏液。还有一次，我帮马特和赖沃挂海带的时候，我刚刚遭遇了一场车祸，我发现这些黏糊糊的海带好像缓解了我的创伤。吃海带能让消化更通畅。

美国市面上大部分海带都由日本进口。但我希望能支持本国的小规模海带采摘者们。马特和赖沃的海带牌子是“钢筋海带”(Ironbound Island Seaweed)。另外我也很推荐缅因州的拉克·汉森和华盛顿的瑞恩·德拉姆售卖的海带。

做味噌汤的时候，可以把冰箱里能用的食材都用上。以下是我的做法：

1. 若有2～4人食用，需要烧1升水，水开后转小火。

2. 先加入海带。我会用剪刀把海带剪成3～4英寸见方的小块。煮上一段时间，你就得到了一锅日本高汤。

3. 然后我会加入根茎类植物。牛蒡有点淡淡的土味，而且有净化人体和解毒的功效。我一般会用半根牛蒡，纵向切片，再切薄；然后加入一些胡萝卜和白萝卜。

4. 我还会放入蘑菇。我最喜欢的是椎茸，但是任何蘑菇放在味噌汤里都很合适。我从不洗蘑菇，因为蘑菇吸水性很强，我宁愿它们吸收锅里的汤而不是清水。我会轻轻拂掉肉眼可见的脏东西；然后把三四颗蘑菇切成片，放进锅里。

5. 卷心菜在味噌汤里也非常美味，但不要放太多。我会把它们切细再放进锅里。

6. 如果想健康一点，还可以放豆腐。把大约250克豆腐冲干净，切成小块，放入汤里。如果有残余的煮熟的谷物，也可以加一大勺到汤里。做味噌汤是处理剩余食材的好时机。

7. 剥最少四瓣大蒜，再准备一些绿色蔬菜，任何种类都可以，例如一点西蓝花或几片羽衣甘蓝的叶子，切碎。

8. 等到根类植物都煮软了，豆腐也热了，就把火关掉。先舀出一杯汤，再把绿色蔬菜和大蒜粒加入锅里，把锅盖上。在舀出的汤里放入3汤匙（45毫升）味噌，搅拌融化。如果想要味道再浓厚一些，还可以加入2汤匙（30毫升）芝麻酱。完全化开后，就可以把碗里的液体倒回锅内，并搅拌均匀。尝一下汤的味道，如果不够浓都可以按照一样的方法再加一些味噌进去。

9. 用葱或韭菜末调味。一锅味噌汤就做好了！它既是主食又是配菜。

10. 如果一顿吃不完，再次加热时注意要用小火，不要把味噌汤煮开。

味噌-芝麻酱

味噌另一种美味的吃法就是用来抹面包。取一个小碗，加入1汤匙（15毫升）味噌和2汤匙（30毫升）芝麻酱，半个柠檬的汁，一瓣蒜（切碎）。将所有材料混合均匀。可以把它们抹在面包或者饼干上食用，也可以在其中加入更多的水或柠檬汁，用来拌沙拉。味噌和芝麻酱是绝妙的搭档。我的朋友还发明了一种非常伟大的变体，把甜味噌和杏仁酱混合起来。大胆试验一下吧！

味噌腌菜和黑酱油膏

味噌非常适合用来腌制蔬菜。取一个小坛子或者玻璃罐，在里面逐层铺上味噌、根茎类蔬菜和蒜瓣。你可以腌整根根类蔬菜，也可以切成片再腌制。注意不要让蔬菜们彼此碰触，确保每一片菜都被味噌包裹着。在最上层的蔬菜上盖上味噌，并压实。将罐子放在一个凉爽地方，等待数周。蔬菜会渐渐吸收味噌的味道和盐分，味噌也会吸收蔬菜的味道和水分。在这个过程里，味噌和蔬菜的味道都会发生变化。一段时间以后，坛子上部会产生深色的液体，这就是浓郁、甘甜的黑酱油膏。将它舀出来，品尝一下味道。可以把腌过的蔬菜当成咸菜食用，而味噌还能继续用来做汤或者抹面包、饼干。要注意，现在味噌的含水量比之前高很多，咸度则低很多，所以它会变得比较不易保存。

天贝

天贝（Tempeh）是印尼的一种豆类发酵品，如今已经风靡全美。尽管制作天贝很麻烦，但绝对值得一试。我不反对人们购买商店里的冷冻天贝，但我觉得它们的味道比较无趣。相反，

新鲜发酵的天贝味道浓郁又独特，口感也很特别。

我是跟我的邻居兼好友麦克·邦迪学会做天贝的。而他是在参加一场名为“食物与生活”的集会时，从另一个朋友阿什利·爱伦伍德那里学会的。这是一场关于食物知识、烹饪技巧和政治的聚会，每个夏天都会在田纳西州的司奎奇山谷学院举行。我曾在这个集会上教授过味噌和酸菜的做法，还有很多美食达人在此举办各式各样的发酵工坊。我非常推荐这个活动，它是社会活动家、园丁和厨子们的盛会。如果你想了解关于它的更多信息，可以查阅www.svionline.org。多提一句，活动所在地的月影社区有我所见过最美丽和质朴的手工建筑物。

天贝制作对温度控制精确性的要求比本书里任何其他发酵物都要高，但你的努力绝不会白费。天贝发酵需要根霉菌孢子。你可以在天贝实验室或是G.E.M生物公司买到它们，联系方式我都写在文化资源一章了。

天贝实验室位于田纳西州的另一个名为农场的社区。每次我告诉别人我住在田纳西州的一个社区时，人们总以为我所在的是农场。农场是20世纪70年代最有名的嬉皮士聚居地。在高峰期，它曾容纳过1200人，也因此在媒体上声名大噪。农场是大豆食品在美国流行起来的倡导者。如今，路易斯·哈格勒和多萝西·贝茨编纂的《新农场素食食谱》是素食圈里的经典读本。它仍在被源源不断地印刷出来，这本书里介绍了天贝的制作方法，我也是在此基础上做出自己的天贝的。

制作天贝时，需要在24小时内把温度控制在29～32摄氏度，这就是它的难点。因此，在炎热的天气里做天贝是最容易的。其他季节我一般会把它们放在烤箱里，但是会用一个梅森瓶让烤箱门保持半开，确保烤箱内部不会过热。我也曾在晴朗的天气里在温室里做过天贝，或是晚上在一个小房间里点上炉子制作。培养天贝时，要注意保持空气流通。

预计时间： 2天

工具：

谷物研磨机

干净的毛巾

3个大密封袋或是一个烤盘和一些铝箔纸

原料（每3磅/1.5千克天贝）：

2.5杯/625毫升大豆

2汤匙/30毫升醋

1茶匙/5毫升天贝菌粉

做法：

1. 粗粗研磨大豆，保证每个豆子都磨破但仍保持较大的颗粒。这是为了让豆子的表皮脱落，让豆子尽可能多地接触到根霉菌孢子。

去掉豆子的表皮可不容易。如果没有研磨机，可以把豆子浸泡过夜，等它们软下来以后略煮一会儿，然后用手揉搓，直至表皮松动。

2. 将豆子煮到可以勉强入口的软度，不要放盐，时间1～1.5小时。不要让它们软到可以被直接吃掉的程度。发酵会进一步软化豆子的。在煮豆子的过程中，需要不断翻动它们，这样它们的表皮就会脱落，并漂浮在水面上。把表皮撇出来丢弃。

3. 煮豆子的同时，取几个密封袋，在上面每隔几英寸戳些小洞。袋子是天贝的容器，而小洞是为了保持空气流通，这是孢子繁殖所必需的。制作完成后，可以把袋子刷干净，重复使用。也可以在烤盘里做天贝，烤盘要至少深1.5厘米，然后用铝箔纸把烤盘密封起来，并用叉子戳几个小洞。

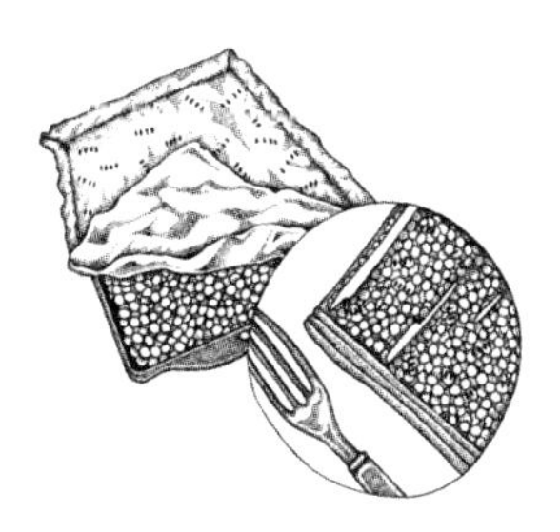

用密封袋或烤盘盛放天贝

用毛巾干燥天贝

4. 把煮好的豆子滤干，将其摊在一个干净的毛巾上。天贝制作中最常见的问题就是过于潮湿，以至于成品无法食用。不断地拍打豆子，让毛巾吸走大部分水分。如果需要的话，再加一层毛巾。

5. 把晾干的豆子放进一个碗中。确保它们的温度不高于体温。加入醋并混合。加入菌粉并搅拌均匀，让孢子能均匀地分布在每个豆子周围。醋的酸度能抑制其他微生物生长。

6. 把混合物装进密封袋里，均匀摊开，封好袋子，然后把袋子放进烤箱或任何温度适宜的地方。如果你用的是烤盘，就要把混合物均匀摊在烤盘上，然后用带小洞的铝箔纸密封起来。

7. 让它们在29～32摄氏度的环境里待上24小时。在发酵前半程，千万不要让温度有较大起伏。我喜欢从下午开始制作天贝，然后晚上就让它们静置，这样一来我后半段时间就能欣赏其中奇妙的变化了。豆子的缝隙里会长出细细的白毛。霉菌会越来越厚，直至让豆子成为一个整体。天贝会有一种很好闻的、类似泥土的味道，就像纽扣菇或者是小宝宝身上的味道一样。整个过程要花20～30个小时，如果温度相对比较低，需要的时间就会更久一些。最后，霉菌会开始变灰或者发黑，并且从通气孔里冒出来。如果灰色或黑色部分已经很多了，那么天贝就做好了。

8. 将天贝从温暖的环境里转移出来，在室温下放凉，再放进冰箱。注意不要让豆子堆起来，否则哪怕是在冰箱里，霉菌仍然会继续吸热、生长。

9. 天贝一般不能生吃。你可以试一下甜辣天贝（见108页）或是天贝鲁本三明治（见110页）。也可以按照你自己的喜好食用。

黑眼豌豆/燕麦/海藻天贝

我前文介绍的天贝是最基本的做法。可以用任何豆类或谷物来制作天贝，也可以往其中尽情添加你喜好的材料。下面就是我的黑眼豌豆/燕麦/海藻天贝。

预计时间：2天

原料（每3磅/1.5千克天贝）：

2杯/500毫升黑眼豌豆

1杯/250毫升整颗燕麦粒

2片4英寸长的掌状海带或昆布

2汤匙/30毫升醋

1茶匙/5毫升天贝菌粉

做法：

1. 将黑眼豌豆和燕麦浸泡过夜。

2. 用手揉搓豆子至表皮松动。

3. 用水煮一下黑眼豌豆，直到它的表皮纷纷浮在水面上。不需要煮太久，如果是已经浸泡过的豌豆，只需煮10分钟左右即可。如果豆子太软，已经不能保持原有形状，豆和豆之间就没有空间供霉菌孢子生长了。合适的硬度是用牙齿可以咬动的程度。总之，时间不要超过你平时煮豆子的25%。

4. 同时，在另一个锅里煮燕麦，比例是每375毫升水里放入250毫升燕麦。加入剪成小块的海带。待水沸腾后转小火，直到水被完全吸收，整个过程要20分钟左右。也可以加入任何其他谷物，同样要将其煮到水分被完全吸收但又不失形状的程度。关火后将锅盖掀开，让谷物变凉。

5. 把煮好的豆子滤干，用毛巾吸去多余水分（做法跟上文天贝做法一样）。也可以将豆子放进笊篱，时不时翻动一下，把水控干。

6. 当豆子和谷物的温度都降到跟体温差不多时，将其混合起来，加入醋和菌粉。然后按上文方法封装、发酵。

甜辣天贝配西蓝花和萝卜

我室友奥吉德是一个特别棒的厨师。跟他同住的一大福利就是能吃到许多美食。奥吉德深入挖掘了很多传统美食，而且总能融会贯通，做出各种创新菜式。下面这道菜就是他用我发酵的天贝创作的。

预计时间：不到1小时

原料（作为主菜可供3～4人食用，作为配菜可供4～6人食用）：

0.5磅/250克天贝

1杯/250毫升西蓝花头部

半杯/125毫升白萝卜（切成半圆片）

60毫升橙汁

2汤匙/30毫升蜂蜜

1汤匙/15毫升葛根粉

1茶匙/5毫升芝麻油

1汤匙/15毫升米醋

1汤匙/15毫升酒

2茶匙/10毫升辣椒酱

3汤匙/45毫升黑酱油膏

1汤匙/15毫升味噌

2汤匙/30毫升蔬菜油

2汤匙/30毫升切碎的生姜

3汤匙/45毫升切碎的蒜

半茶匙/2毫升白胡椒粉

做法：

1. 把天贝切成一口大小的块，取一个汤锅，在里面放上大约1厘米高的水，然后把天贝放进去蒸15分钟。最后2分钟时，放入西蓝花和白萝卜。

2. 在蒸天贝的时候，把橙汁、葛根粉、蜂蜜、芝麻油、米醋、酒、辣椒酱和2汤匙（30毫升）黑酱油膏在一个小碗里混合均匀，要确保葛根粉和蜂蜜完全溶解。

3. 另取一个小碗，用余下的黑酱油膏溶化味噌。

4. 在热锅里倒入油，放生姜炒1分钟，再加入蒜碎炒2分钟，然后放入白胡椒，再翻炒30秒。重新搅拌一下液体混合物，将其加入锅中，煮几分钟，不断搅拌直到液体变得浓稠。

5. 关火。然后加入蒸好的天贝和蔬菜，继续翻炒一会儿，加入味噌和黑酱油膏，再次翻炒均匀。

6. 可搭配白米饭食用。

天贝鲁本三明治

我最喜欢的天贝吃法是把它放入鲁本三明治里。这个三明治包含了4种发酵物：面包，天贝，酸菜和奶酪。

1. 在平底锅里放少许油，加入切片的天贝煎一下。

2. 在面包上抹上千岛酱（最好是黑麦面包），然后把天贝片放在面包上。

3. 在天贝上放上厚厚一层酸菜。

4. 在酸菜上放一片瑞士奶酪（或你喜欢的其他奶酪）。

5. 将三明治略微烘烤一分钟，让奶酪融化。

6. 把三明治打开食用，可以搭配一些酸黄瓜（见76页）。

印度薄饼和米豆蒸糕

印度薄饼（Dosas）是南印度的一种炸面包，米豆蒸糕（Idlis）则是南印度的蒸面包，它们是用同样的发酵方式制成的。它们都很好吃，带着微微的酸味。我曾在有一本食谱里见到作者将米豆蒸糕和汤圆做比较，但我认为它们的口感完全不一样。我把这两样东西都算在豆类发酵品里，因为它们都是用扁豆制成的。这两样食物比本书里任何其他豆类发酵物都要容易做。它们不需要特殊的菌种，完全来自自然发酵，是由微生物将米饭和豆类转化而成的。

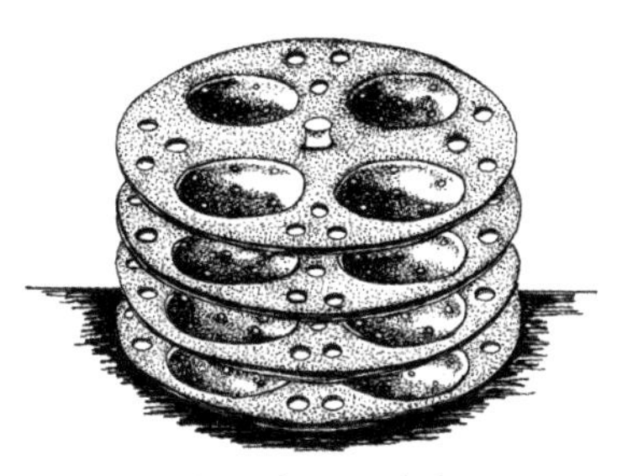

米豆蒸糕的蒸笼

预计时间： 数日

工具：

米豆蒸糕需要蒸制设备。我在纳什维尔的印度超市买了一个简单的4层不锈钢蒸锅，才花了12美金，用它一次能蒸6个蒸糕。它比我第一次做蒸糕时用的马芬杯好用多了，因为它的每一层上有很多小洞，能让蒸汽到达每个蒸糕上。如果没有蒸锅，也可以用任何其他蒸具（例如中国的蒸笼）。还可以一次性做一个很大的蒸糕，然后把它切成小块食用。

而做薄饼则只需要一个平底不粘锅就行了。

原料（32个薄饼或蒸糕）：

2杯/500毫升米（印度香米是最正宗的，但我试过糙米，也很好吃）

1杯/250毫升扁豆（大部分食谱都要求使用印度白扁

豆，但我用过红扁豆，在美国它更加常见）

1杯/250毫升酸奶或开菲尔

1茶匙/5毫升盐

1小把欧芹或香菜（用在薄饼上，蒸糕不需要这些）

1英尺/2.5厘米生姜（用于薄饼，蒸糕不需要）

蔬菜油（用于薄饼，蒸糕不需要）

做法：

1. 将大米和扁豆在水里至少浸泡8小时或过夜。

2. 沥干大米和扁豆。

3. 食物处理机中加入大米和扁豆、酸奶（或开菲尔、水），打成糊状。把面糊放进碗或罐子里，要留下足够的空间，因为它发酵后体积会变大。面糊应该是浓厚又细腻的，但又不能过稠。如果有必要，可以稍微加点水搅拌一下。

4. 发酵24～48小时，也可以再久一些。等到它大幅膨胀以后，就可以用它做蒸糕或薄饼了。

蒸糕：

5. 加入盐并搅拌。

6. 把面糊加入模子里，留下充足空间让它进一步发酵。

7. 加盖蒸制20分钟，直到蒸糕成型。

8. 把蒸糕从模子里取出来，放凉。

9. 把模子清洗干净。

10. 搭配椰子酸辣酱（做法见下文）或是酸豆汤食用。

薄饼：

5. 在面糊里加入1杯（250毫升）温水，将其稀释。

6. 切碎欧芹或香菜，打碎生姜，把它们加入面糊中，再放入盐搅拌均匀。

7. 在热好的平底锅里放入油。舀一大勺面糊到锅中央，然后用勺子底部把面糊推开，就像做可丽饼一样。等到面糊开始冒泡以后，就将其翻面。

8. 可以搭配酸奶或开菲尔食用薄饼。也可以在薄饼上放一些蔬菜，然后卷起来吃。

椰子酸辣酱

酸辣酱（Chutney）是一种传统的南印度调味品，它可以有无数种变体，和薄饼和蒸糕是绝配。它酸甜可口，可以新鲜食用，也可以发酵数日再吃。我下面的食谱受到了桑塔·尼姆巴克·萨查夫所著的《印度味道：印度素食食谱》一书启发。

预计时间：20分钟～4天

原料（2杯/500毫升）：

1杯/250毫升椰子碎

3汤匙/45毫升粗磨的印度黑鹰嘴豆或普通鹰嘴豆碎

2汤匙/30毫升蔬菜油

2汤匙/30毫升黑酱油膏或1个柠檬榨汁

1茶匙/5毫升盐

1茶匙/5毫升孜然

1茶匙/5毫升香菜籽

1汤匙/15毫升蜂蜜

半茶匙/2毫升芥末籽

1撮印度阿魏粉

3/4杯即185毫升开菲尔或酸奶

做法：

1. 将椰子碎浸入125毫升温水里。

2. 把鹰嘴豆在油里炸一下，直至颜色变深。

3. 在食物料理机里放入鹰嘴豆、黑酱油膏或柠檬汁、盐、孜然、香菜籽、蜂蜜和浸湿的椰子，打成泥状。

4. 在油里把芥末籽略微炸一下。当油开始冒泡时，加入阿魏粉和一半的酸奶/开菲尔，搅拌均匀后关火。

5. 把油炸混合物和剩余的酸奶/开菲尔加入食物料理机中的泥状物里，然后继续搅拌至完全混合。

6. 可以直接食用新鲜制作的酸辣酱，也可以将其发酵数日再吃。如果要发酵酸辣酱，要将其放进一个罐子里，然后把它放在温暖的环境下，用一块布把罐子蒙上，保持空气流通。等待2～4天，直至你看到罐子里胀气了，就可以把它转移到冰箱里保存。

延伸阅读

1. 威廉姆·舒特里夫，青柳晶子:《味噌全书》，十速出版社，2001。

2. 威廉姆·舒特里夫，青柳晶子:《纳豆全书》，十速出版社，2001。

第七章

奶类发酵及素食者的替代食谱

现在是早上8点钟，今天轮到我挤奶了。我在谷仓里放了一个牛奶桶和一碟温水。山羊们正在等着我，挤奶时间也是它们的早饭时间，所以它们满怀期待。山羊萨茜一般是第一个进来的。它是领头羊，羊群里的女王。它经常欺负其他山羊，而且总是第一个吃饭。我把一些羊食放进碟子里拿给它。它一边吃，我一边挤奶。它的乳头又大又健康，所以很容易挤出奶。我在虎口处用力挤压它的乳头，又用食指支撑着防止奶水流回去，再用剩余的手指加手掌把奶水逼出来。这样一来它的奶水就源源不断地流进了桶里。我会时不时放松一下，让乳头里充满更多奶水，然后再重复动作。我每个手都握住一个乳头，有规律地轮流操作。

我会尽量快点挤完，因为萨茜吃饱以后可就不那么老实了。它会挣扎着试图逃离挤奶操作台。更糟糕的是，它可能会把牛奶桶踢翻，或者是踏进桶里。

山羊们都很聪明，非常有心机。从她吃完饭开始，挤奶就变成了意志战。我会把挤出来的奶倒进另一个更大的桶里，这样就算它捣乱成功了，我也能把损失降到最低。我会一边抚摸着它一边小声说："萨茜，你最棒啦，你今天早晨表现特别好。对不起啊，我的动作太慢了。你能不能再等一下，让我挤完？"我会跟它讨价还价，如果它答应的话，我就给它更多食物。我一只手挤奶，另一只手随时保护奶桶。等到流出的奶越来越少时，我就会用力按摩它的乳房，把剩余的奶全部挤出来。给萨茜挤完奶后，我还得给另外三只挤奶，然后还有三只山羊虽然不用被挤奶，但仍然得吃早饭。

我是最近才开始给山羊挤奶的，此前我已经心安理得地享用了9年羊奶。我对驯化动物有强烈的矛盾心理，有时候我觉得人类为了满足私欲对待动物非常残忍；但另一方面，我喜欢吃肉和喝奶。如今，随着我开始给它们挤奶，我也对山羊们越来越了解，我爱上了跟它们互动。

我总觉得自己很幸运，能喝到这么美味的羊奶。它们不是大规模农场里被当成商品对待并被注射了荷尔蒙的动物。我们的山羊们是被散养在菜园子里的，而没有被圈进一个小天地。它们在山坡上溜达，大嚼特嚼野青草。今天，我看到山羊兰脱在吃树上脱落的树皮。实际上，我觉得它是对那块树皮上的青苔感兴趣。虽说它们是反刍动物，但是山羊也会从这些东西里吸收营养，而我们又借它们的奶水分享到了这些养分。它们甚至会吃有毒的藤蔓，但据说喝下含有常春藤毒素的奶可以帮助人们对抗这些植物的毒性。

我们一天挤两次奶，每次能得到1～2.5加仑（4～10升）奶。奶水量会随着季节变化，为了保持奶水量，我们每年都会多培育几头山羊。我们这里的冰箱冷藏能力有限，因为它们不靠电力运行，而是以丙烷为能源的。我有时会想象，在冰箱发明出来以前要如何保存5加仑奶？鲜奶在室温下很快就会变质。但幸运的是，先人们注意到，奶类发酵后状态会更加稳定，更易保存。发酵的奶制品，即使不放进冰箱里，也仍然可以吃，甚至还会随着时间的推移越来越好吃。

冰箱现在已经是美国人生活里的标配了。很多家庭里都有不止一个冰箱。我们习惯于在冰箱里保存一大堆容易变质的食物，随吃随取。走进大型超市，你会觉得自己置身于一个大型冷库里，到处都是开放式冷藏架。虽说冰箱的存在是为了防止牛奶发酵变质，但超市的冷藏架上又摆满了发酵后的奶制品。人们热爱奶酪、酸奶、酸奶油、酪乳和其他发酵奶制品。我们喜欢它们的味道、口感，而且相信它们有益健康。

如果你是个素食者或者无法喝奶，也不要失望。你还是有机会享受到这些发酵品的美妙之处的。酸奶和开菲尔都是很灵活的发酵品，你可以用很多奶类以外的东西来制作它们。我特意在本章开了一个小节，专门介绍素食替代食谱。如果你是因为乳糖不耐受而需要避开奶类，那你也可以尝一点发酵奶制品。因为发酵中产生的乳酸菌会把乳糖分解成更容易被消化的乳酸。

酸奶

酸奶的益处广为人知。你可能对某几种大名鼎鼎的乳酸菌略有耳闻，例如嗜酸乳杆菌或保加利亚嗜酸乳杆菌。人们相信这些乳酸杆菌有利于改善肠道内环境，它们经常被作为营养补充剂出售。酸奶往往能适应有抗生素的环境，它还能缓解药物对消化道的损坏。酸奶含钙量很高，而且还有很多其他益处。苏珊·韦德在书里写道："癌症高发人群尤其应该喝酸奶，因为它能有效阻止细胞癌变。"[①]

酸奶还非常美味。美国人通常喜欢吃甜味的酸奶，但我更喜欢咸酸奶。咸味跟酸味相得益彰，而不会盖过酸味（我下文会介绍咸酸奶酱的做法）。

除了乳酸杆菌，酸奶里还含有嗜热链球菌，正是它让酸奶变得浓稠。这种菌在43摄氏度左右时最为活跃。市面上有很多东西帮你把温度维持在这个范围里。如果没有也不要紧，利用冷却箱很容易就能做出一个保温箱。

① 苏珊·S·韦德：《乳腺癌？乳腺健康！聪明女人的做法》，灰树出版社，1996，45页。

做酸奶需要引子，可以去买专用的酸奶引子，也可以直接使用任何活性的市售酸奶。注意要买那种商标上写着“含有活性菌”的酸奶，否则它可能已经经过高温杀菌，微生物已经死了。用引子做出第一罐酸奶后，可以保存一点酸奶，作为下次制作时的引子。只要处理得当，可以无限次使用同一份酸奶引子。纽约市哈德逊大街上的尤奈·史梅尔酸奶店至今都在使用创始人100多年前从东欧带来的引子。

预计时间：8～24小时

设备：夸脱瓶，保温包

材料（每1夸脱酸奶）：

1夸脱/1升全脂奶

1汤匙/15毫升新鲜的活性原味酸奶

做法：

1. 在把玻璃瓶和保温包泡进热水里，这样做的目的是防止容器令酸奶降温，确保酸奶始终在温暖的环境里发酵。

2. 加热全脂奶，直到冒泡。如果你有温度计，就把奶加热到82摄氏度左右。全程开小火，频繁搅拌，避免奶烧焦。不要把奶完全煮沸，实际上加热的过程并非绝对必要，但它能让做出的酸奶更浓稠。

3. 让奶冷却到43摄氏度，也可以把手指放进去试一试，如果觉得它仍是热的但又不是非常烫，就可以进行下一步了。为了加快冷却速度，也可以把奶锅放进装满凉水的大碗里。不要让奶过凉，酸奶里的微生物在比体温略高的温度条件下是最活跃的。

4. 把酸奶引子倒入奶里，比例为每1夸脱奶放15毫升引子。我以前以为引子放得越多越好，直到我读到一本名为《烹饪的乐趣》的书，里面说道："你可能会觉得奇怪，为什么做酸奶只需要放这么少一点引子，如果多放一些会不会效果更好呢？答案是不会。如果酸奶里杆菌太多，就会形成偏酸、水样的效果。但如果细菌们有足够的空间生长，酸奶就会变得浓郁、口感柔和、奶香十足。"[①]把酸奶引子和牛奶充分混合，再倒入加热过的夸脱瓶里。

5. 盖上瓶盖，再把瓶子放入加热锅的保温包里。如果保温包里还留有较多空间，就塞进几瓶热水（不要太烫）或放入几条热毛巾。拉上保温包。把它放在温暖之处。

6. 8～12小时后，检查一下酸奶。它应该已经香味扑鼻，并且比较浓稠了。如果酸奶不够稠，可以在保温包里倒入一些热水，然后往酸奶里稍微添加一些引子，再等候4～8小时。

如果愿意，可以让它发酵得更久一些。它会变得更酸，因为更多乳糖被转化成乳酸了。对于乳糖不耐受的人来说，

---

① 艾尔玛·S·罗姆鲍尔，玛丽昂·罗布鲍尔·贝克：《烹饪的乐趣》，西格内特，1964，486–487页。

发酵时间越长的酸奶越容易被消化。

7. 酸奶可以在冰箱里保存数周，但随着时间推移它会越来越酸。保存一点酸奶作为下次的引子。

莱巴（酸奶奶酪）

很多喜欢酸奶的人也喜欢让它再浓稠一点，也就是把它做成奶酪的形式。做法其实很简单。在一个容器里放几层纱布作为滤网，然后把酸奶倒进其中，让液体析出。注意把这个滤网盖起来，防止苍蝇进入。析出的液体就是乳清。可以用乳清做其他发酵物（见141页），也可以在烹饪或烘焙时，将其取代水使用。

几小时后，你在纱布上就得到了一块固体的酸奶奶酪。可以用它搭配香草抹面包和饼干。

咸酸奶酱：莱塔和泰西吉

莱塔（Raita）是一种常见的印度酸奶酱，泰西吉（Tsatsiki）是希腊美食。它们都由酸奶、黄瓜、盐、大蒜和一点儿其他配料混合而成。这些材料的味道需要时间融合，因此如果可以，最好在食用前几小时甚至提前一天制作这两种酱。

预计时间：1小时

材料（每4杯/1升）：

1根大的或2根小黄瓜

1汤匙/15毫升盐

2杯/500毫升酸奶

4～6瓣蒜，切成细末

莱塔：

1茶匙/5毫升孜然，烘干并磨碎

¼杯/60毫升切碎的香菜

泰西吉：

2汤匙/30毫升橄榄油

1汤匙/15毫升柠檬汁

白胡椒粉

¼杯/60毫升新鲜的薄荷碎或欧芹碎

做法：

1.把黄瓜切碎，放进大碗里，撒上盐，混合均匀，然后放置1个小时，待水析出后控干。

2.把黄瓜和其他材料混合，也可以大胆使用其他喜欢的香料或蔬菜。

3.尝一下，如果不够咸，可以再放一些盐。

4.把做好的酱放入冰箱，等到食用的时候再取出来。

克什卡

克什卡（Kishk）是一种黎巴嫩奶制品，它由酸奶和碾碎的干小麦制成，它是我在筹备这本书的时候发现的新鲜食物，我非常喜欢它。克什卡也见于伊朗和其他中东菜系。在希腊，它又被叫作查哈拿（Trahanas）。克什卡的味道非常特别。在发酵过程里，它会散发出类似椰子的甜香。但是最终，它会变成一块麝香味浓郁的奶酪。克什卡发酵后的成品一般非常干燥，通常会把它放进汤和炖菜里，增加风味跟浓稠度。

预计时间：10天

材料（每1.5杯/375毫升）;

半杯/125毫升碾碎的干小麦

1杯/250毫升酸奶

半茶匙/2毫升盐

做法：

1. 把酸奶和干小麦倒入一个碗中混合，加盖过夜。

2. 第二天早上你会发现小麦已经吸收了酸奶里大部分水分。用手揉一下，将其混合均匀。如果太干可以稍微加入一点酸奶，再把它揉进混合物里。盖上混合物，再等24小时。

3. 一天后再次检查，揉捏后放置一天。接下来几天里，每天都重复这套流程，大约9天。如果忘记揉面团了，它表面可能会长出一层霉菌，不要紧，把霉菌刮掉再重复揉一下面团即可。

4. 最后一天，把盐揉进酸奶－小麦面团里。然后把它摊平放在烤盘上，放在阳光下或是烤箱里烘干。在烘干的过程里，把它敲碎成小块。

5. 等到克什卡完全干透，用食物处理机把它打成粉状以便保存。把它放在干燥处，室温下它可以保存几个月。

6. 在食用的时候，把克什卡粉在黄油里炸一下，然后加水煮到你喜欢的稠度。只是加水，克什卡汤的味道就已近很丰富了，它也能给汤和炖菜提味。克什卡跟水的比例大约为每2杯水放2汤匙粉。

黎巴嫩克什卡汤

按照黎巴嫩的传统，这道汤里一般会放入羊肉。我介绍的是素食版。

预计时间： 30分钟

材料（每6～8人份）：

2～3个洋葱

2汤匙/30毫升蔬菜油

3个马铃薯

2根胡萝卜

6瓣蒜

2汤匙/30毫升黄油

1杯/250毫升克什卡

适量盐和胡椒

3汤匙/45毫升新鲜欧芹

做法：

1. 把洋葱切片，放入油锅里煎一下。

2. 等到洋葱微微透明后，加入2升水煮沸。

3. 加入切片的马铃薯和胡萝卜（或任何其他喜欢的食材）。煮至软化。

4. 蒜切碎，放入黄油里煎一下。加入克什卡，翻炒1分钟左右。然后舀1杯汤倒进有蒜和克什卡的锅里。搅拌至完全融合，然后液体混合物加入之前的蔬菜汤里。放入盐和胡椒，尝一下味道。

5. 继续煮5～10分钟，然后撒上碎欧芹，皆可食用。

塔拉和开菲尔

在本书的筹备阶段，我跟草药学家苏珊·韦德一起参加了一个工作坊。苏珊养山羊，还会制作非常好吃的奶酪。她的书也给了我很大启发。我们讨论了酸奶和奶酪的做法。在我离开时，她给了我一小包塔拉（Tara）凝乳，她说自己喜欢在山羊奶里放一些塔拉。

这些塔拉是苏珊的藏族僧人朋友从西藏带给她的。我把它们跟羊奶混在一起，在室温下放了24小时，然后里面就咕嘟嘟冒出了气泡。

开菲尔珠

塔拉是西藏版本的开菲尔，这种发酵品源自中亚高加索山脉地区。有些读者可能还记得，20世纪70年代达能酸奶曾经做过一个广告，内容就是说“苏联格鲁吉亚”人的长寿跟食用酸奶有关。格鲁吉亚位于高加索地区，而这个地区的发酵奶制品正是开菲尔。开菲尔和塔拉的发酵方法和菌种都跟一般酸奶不同。它们是由一些看起来像谷物一样的东西发酵而成的，这些“谷物”就是开菲尔珠，它实际上是凝乳状的酵母和微生物集群。每次发酵完成后，你可以把它们从奶里面过滤出来，然后留作为下次发酵的引子。酵母令开菲尔产生了气泡，并含有微量的酒精（大约1%）。我在网站找到一个开菲尔爱好者小组，大家都在里面分享自己使用的开菲尔珠，还会在制作开菲尔的同时做塔拉。

很长一段时间，我总是把塔拉和开菲尔分别保存在不同的罐子里，以确保它们各自菌群的纯度。但实际上我不太能分清这两样东西，最后自己都弄不清瓶子里究竟是哪一种饮品了。如今我的凝乳是个跨文化的产物，但它的营养和美味程度可一点儿都没少。

我对塔拉了解不多。我只找到两个比较准确的参考来源。

其中一个是纽约藏族餐厅“查帕”的菜单，那上面有一道名为塔拉的酸奶奶昔；另一个是林经·多莱的《西藏饮食生活》一书，其中将塔拉翻译为“达拉”，并将其作为原料之一制作了一种名为“卓库拉”的荞麦煎饼。

据说第一份开菲尔珠是安拉送给世人的礼物，由先知穆罕默德带到世间。人们非常珍视这份礼物，代代相传，而且绝不会与陌生人分享它。

塔拉和开菲尔非常容易制作，因为它们对温度没有特别要求。制作二者的难点在于做出开菲尔珠。我推荐两个信息来源，一个www.egroups.com/group/Kefir making，这是一个开菲尔爱好者的聚居地。这个小组的管理员多米尼克·安非特卓还有一个自己的网站www.chariot.net.au/~dna/kefirpage，其中介绍了开菲尔的各种变体。我的另一个推荐就是G.E.M生物公司，它们会出售一些自制的菌种，甚至还可以在那里买到芬兰凝乳和瑞典的菲尔酸奶。

预计时间： 数日

材料：

1夸脱/升牛奶

1汤匙/15毫升开菲尔珠

做法：

1. 在瓶子里倒入牛奶，不要超过容量的三分之二，加入开菲尔珠，盖上盖子。

2. 将其在室温下放置24～48小时，时不时观察一下瓶里的情况。牛奶会开始冒泡，然后逐渐水乳分离。可以摇晃一下瓶子，让它们再次融合。

3. 用滤网把开菲尔珠再次滤出来。过程中可能需要用筷子或者勺子不时搅拌瓶里的酸奶，以免开菲尔珠堵住瓶口。随着制作次数变多，开菲尔珠会不断繁殖，数量翻倍。但每次只需要15毫升开菲尔珠制作开菲尔。可以把剩下的开菲尔珠吃掉，用它们堆肥，或者把它们送给朋友。也可以用它们做很多其他的发酵品，开菲尔珠是个万金油。

4. 享用你的开菲尔吧！可以把开菲尔保存在室温下，让它继续发酵，也可以把它放进冰箱。

酸奶油和乳清：

5. 如果把滤掉开菲尔珠后的酸奶放在室温下继续发酵几天，它会呈现水乳分离的效果。奶油状的开菲尔会漂浮在乳清上面，轻轻把它舀出来，就是好吃的酸奶油。可以利用剩余的乳清进行其他发酵活动，也可以代替水把它用在烹饪或者烘焙中。

6. 可以把开菲尔珠泡在牛奶里，放在冰箱里冷藏几周，也可以把它冷冻保存数月，或者等它干燥后，保存数年。

如果你不能喝奶，可以用豆奶、米露、坚果奶、果汁或是蜂蜜水制作开菲尔。详细的素食开菲尔做法在142页。

卓库拉（西藏塔拉-荞麦煎饼）

这种煎饼非常好吃。我经常用它们做早餐，我会在酱饼上放一点塔拉或开菲尔，再搭配盐和胡椒食用。也有人用枫糖浆配荞麦煎饼吃。我这个食谱也是从林经·多莱的《西藏饮食生活》中的做法改良而来的。

材料（每8个大煎饼）：

1杯/250毫升荞麦粉

1杯/250毫升塔拉/开菲尔

半茶匙/2毫升海盐

1杯/250毫升水

蔬菜油

做法：

1. 将面粉、盐和塔拉在碗里混合均匀。

2. 一点一点把水加进去，直至形成稀薄的面糊。

3. 把平底锅烧热，放少许油。

4. 舀1勺面糊在锅中央。煎制1、2分钟，等到它变成棕色的时候翻面。

5. 每做完一个煎饼，都要往锅里补充少许油。

酪乳

酪乳非常适合用于制作松饼、饼干和其他烘焙产品。它能与食用苏打发生反应，呈现蓬松的效果。也可以用开菲尔取代酪乳，效果同样很不错。我们也可以简单地自制酪乳。把半杯（125毫升）市售活性酪乳加入1夸脱/1升牛奶里，室温下静置24小时，酪乳就做好了。把酪乳放进冰箱可以保存数月。

奶酪制作

奶酪有很多种做法。牛奶可以变成坚硬的切达奶酪、柔软的卡蒙贝尔奶酪或是发霉的蓝奶酪。世界上有上千种不同的奶酪。它们都起源于不同的文化和地区。每种特定的奶酪都来自特定牧场的牛奶，在特定的环境和温度下靠特定的微生物形成的。

陈年奶酪里往往含有大量不同种类的微生物，每一种都影响着这块奶酪的味道和口感。伯克哈德·比尔格用显微镜观察了圣尼克泰尔奶酪上的霉菌后，在《纽约客》上充满诗意地写道：“奶酪就像一个快速演化的大陆一样，一波又一波的物种不断入侵，把奶酪的外皮由金黄变灰，又变成斑驳的棕色。猫毛（一种霉菌）像古老的蕨类一样肆意生长，然后转化成继任者的肥料。随后到达的是青霉菌，它们的茎太细，我无法在显微镜里看到它，只能见到一团团灰色的棉絮。最后，一群淡粉色的霉菌如落日一般撒播在奶酪表面，这是粉红单端孢霉，霉菌之花。”①

如今，很多地区的传统奶酪制法都在全球化和统一化里消亡了。皮耶·柏萨德在人类学杂志《食物和饮食习惯》里发表了一篇名为《传统的未来：制作法国最常见的卡蒙贝尔奶酪的两种方法》，其中便探寻了传统奶酪制法和工业方法之间的文化冲突。这篇文章引用了奶酪制作者麦克·瓦罗奎尔的话：“人类的操作必须非常精确；制作者的操作虽然有大体的范围，但又没法被确切测算。奶酪制作者们只能相信自己的心得、鼻子和眼睛，经验是他唯一的度量标准。他需要自己把握影响成品的各种变量：天气情况、牛奶状况、季节、凝乳酶数量、牛奶的最佳凝固时间。”②

家庭制作奶酪的方法之一就是复刻一个现成的奶酪，你可以买一套培养菌回来，按照说明一步步操作。但我做奶酪的方法更具实验性，我会调整各种变量，看看结果会发生什么变化。

以我的经验来说，每种家庭自制奶酪都是独一无二的，而且别具风味。我会介绍一些简单的奶酪配方。但你也可以尽情地尝试不同的发酵时间和方式，实现自己想要的风味和口感。

做奶酪唯一需要的特殊设备就是奶酪布。可以在布店里买

---

① 详见2002年8月伯克哈德·比尔格发表于《纽约客》的《生奶酪信仰》。

② 皮耶·柏萨德：《传统的未来：制作法国最常见的卡蒙贝尔奶酪的两种方法》，《食物与饮食习惯》，1991（4），183–184页。

到一大块，这比超市里剪成小块的奶酪布便宜很多。我们镇附近的布料店里有很多密度不同的奶酪布，从最密实到最疏松的布料，应有尽有，我一般会选择相对比较密实的布。

农夫奶酪

这是最基础的奶酪做法，最简单的版本甚至无须发酵。但随着时间推移，它上面也会长出菌类。

预计时间：20分钟～几个小时

工具：奶酪布

材料：

3～4杯，即750毫升到1升奶酪

1加仑/4升全脂奶

半杯/125毫升醋

做法：

1. 用小火加热牛奶，不时搅拌一下，防止烧焦。

2. 关火后分几次加入醋，每加入一点就搅拌一下，一直到牛奶水乳分离。

3. 用奶酪布包在一个容器上，把结块的奶析出。然后把布的四角提起来，系紧，使得奶块变成球状，多余的水分挤出来。可以把这个奶球挂起来，让里面的水分滴进碗里。这就是农夫奶酪，它的质感类似里科塔奶酪，适用于制作意大利千层面或是意式奶酪蛋糕。

如果你想要奶酪更加结实一点：

用奶酪布包起控水

使用重物

4. 在你得到奶块之后（但它还没变成球以前），往其中加入1汤匙（15毫升）盐，充分搅拌。盐能够逼出奶块里的水分，令你得到一块更结实的奶酪。此时还可以加入一些香料，它们的味道会马上融入奶酪。我见过的最美丽的奶酪是加了红色的佛手柑花朵或者是蜂蜜香脂，它是鲜红色的。

5. 把奶酪包成球然后挂起来控干。可以用一个重物把水分压出来。奶酪球放在砧板上，顶上再放一个砧板，然后放上重物。几个小时后，就会得到一块很结实的奶酪了。印度食谱里经常叫这种奶酪为帕涅尔（Paneer）。印度人会在它上面刷一层香料然后油炸，再把它和菠菜或者其他菜一起炖，也可以用它配着饼干吃。

凝乳奶酪

凝乳酶里包含一种叫肾素的酶，它是一种凝结剂。凝乳酶在牛奶里产生的凝结效果跟醋和其他酸类形成的完全不同，凝乳奶酪口感更加顺滑。凝乳奶酪的另一大优点是它的制作所需温度较低，无须经过煮沸过程，所以微生物们不会被杀死。

传统做法中，人们是从牛的胃里收集凝乳酶的。很多游牧民族会用动物的胃保存奶水，当然他们也注意到了奶里的凝结现象。如今，仍然有很多奶酪使用直接从动物身体里提取的凝乳酶。但我使用的凝乳酶是制作者利用蔬菜提取物在实验室里培养出来的。我们的原料购于新英格兰奶酪公司，他们既有动物来源的凝乳酶，也有植物来源的产品。

下文我介绍的凝乳奶酪做法是同大卫·J·平克顿学到的，他是肖特山里最成功的奶酪制作家。他是个和平主义者，我们都叫他平基。

预计时间：数日－数周－数月

材料：

1加仑/4升全脂奶

1杯/250毫升酸奶或开菲尔

3～10滴凝乳酶

3汤匙/45毫升海盐

做法：

1. 牛奶里加入活性菌种，等待牛奶“熟成”。经常做奶酪的人一般会重复使用同一个桶来收集奶水，久而久之，桶壁上就长满了益生菌。

如果只是偶尔做一次，最简单的办法是把牛奶倒进一个不锈钢锅里。然后加入酸奶或开菲尔，搅拌均匀，再用小火把奶加热到38摄氏度左右。维持这个温度1～2个小时，让乳酸杆菌繁殖增生。这个步骤不是必要的，但是它会让奶酪更健康，也更好吃。维持温度的办法有很多，可以关火后用一个坛子把锅包裹起来，也可以先关火，再时不时开小火略微加热一下。锅里的温度只要始终在32～43摄氏度之间就可以了。温度计非常容易坏掉，它们在我们的厨房总是寿命很短。可以简单地用体温来估测一下，或是试想一块温热的毛巾的温度，锅里的温度大体就应该是这样子的。

2. 加入凝乳酶（此时牛奶仍应该保持在38摄氏度左右）。在1加仑牛奶中，你只需要滴入3～10滴凝乳酶就好。3滴凝乳酶形成的是非常柔软的奶酪，10滴则会带来比较硬实的奶酪。在把它们加进锅里之前，先用60毫升水将其稀释，然后一边搅拌锅里的奶一边把稀释物加进去。凝乳酶全部入锅后，停止搅拌。在凝乳酶发挥作用的时候，保持牛奶静止非常重要。半小时以后，牛奶就会开始结块了。固体物会逐渐聚合，形成一个很大的乳块，你会注意到它会渐渐脱离锅的边缘。

3. 牛奶开始凝结后，用一把长刀轻轻地把乳块切成很多大约为1英寸的小方块。重新打开小火，让温度回到38摄氏度左右。把乳块切成小块是为了让它们更充分地跟凝乳酶接触。每个小的乳块会开始收缩、变紧实。乳块是非常脆弱的，切的时候一定要小心。在切乳块的时候，要让它们保持移动，轻轻地搅拌锅里的液体，防止乳块沉下去。

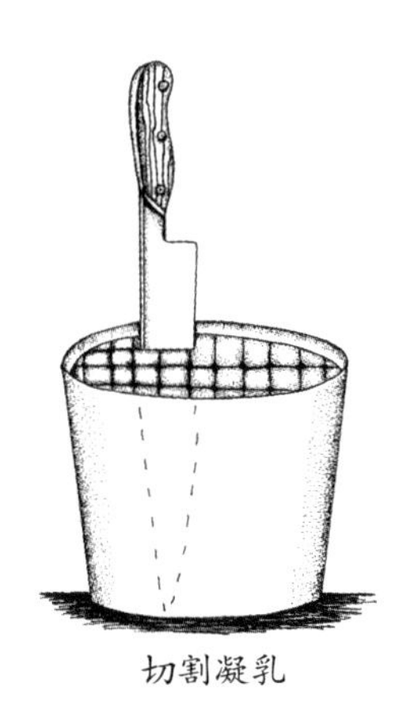

切割凝乳

4. 让锅内保持温暖。如果偏爱比较软的奶酪，那就在切完乳块以后，让锅里的温度在38摄氏度左右保持10分钟。如果想要更加紧实的奶酪，那就把时间延长到1个小时。提高温度同样会让奶酪更加紧实，但是不要让温度超过43摄氏度，过高温度会杀死益生菌。如果升温太快，可能会得到一锅奶酪渣。如果缓缓地升温，保证每分钟提升的温度不超过1摄氏度，那最终就能得到一块硬度均匀、口感顺滑的奶酪。

“差之毫厘，谬以千里。”平基如是说。

5. 滤干奶酪并加盐。一定要轻柔！乳块现在还非常脆弱。在一个容器里铺上奶酪布，用勺子小心地、一点一点地把乳块舀进去。因为现在是做奶酪，所以我们关心的是乳块，但乳清也有很多用途，所以我往往会把它们保存起来。在乳块上撒上盐。不要害怕盐放得太多。它们会把乳块里残余的水分逼出来。此时，也可以加入自己喜欢的香料或是调味料。我朋友陶德做过一份非常棒的奶酪，里面就是放了碎芝麻。把奶酪布里的乳块收集起来，提起布的四角把它挤成球状。然后把这个奶球挂起来，下面放一个碗，让析出的水分滴到碗里。

6. 新鲜做好的奶酪可以直接吃，也可以让它继续熟成。在悬挂了几个小时以后，奶酪就已经成型了。此时的奶酪非常美味。但如果有耐心，可以再等上一段时间，奶酪的味道会越来越浓郁、突出，质感也会发生奇妙的变化。哪怕只是一两个星期的熟成都能极大地改变一块奶酪。熟成奶酪的方式之一是让它外部形成一层干燥的保护层。做完奶酪的第二天，将其包进干净、干燥的奶酪布里。不要让苍蝇接触到奶酪，否则奶酪可能会生蛆。一天后，换一块干净的布把奶酪包起来，然后每天都重复这个流程。奶酪布能够吸走奶酪的湿气。等到奶酪布不会再变潮湿，就用干净的毛巾把奶酪包起来放到阴凉避光的地方，如果想保存更久，也可以用蜡把它封起来。另一种办法是，把奶酪泡在盐水里，就像做酸菜一样。这样做出来的奶酪很咸，口感类似菲达奶酪。不管怎么操作，奶酪制作都是一场趣味盎然的冒险。

生奶酪监管之战

过去，大多数奶酪都是按照类似我上文介绍的方法用生牛奶制成的，而且会努力保留住奶里残留的酵素和活性菌。1907年，威斯康星大学开始研究如何在奶酪的制作中采用巴氏杀菌法。到1949年，国会通过一条法律，要求包括奶酪在内的所有奶制品都必须经过巴氏杀菌，只有那些熟成60天以上的奶酪可以例外。

这条法律已经延续了半个多世纪。也就是说，世界上很多好吃的软奶酪你在美国都吃不到了（至少是不能合法吃到的）。最近，美国代表要求世界食品法典委员会建立奶酪巴氏杀菌国际标准，但遭到了拒绝。目前，美国食品和药物管理局（FDA）正在研究生奶酪可能对健康造成的损坏，他们甚至打算制定更加严格的标准。更加严格的奶酪巴氏杀菌要求即将出台的传言引起了轩然大波。美国微生物协会称FDA的研究是“对人类社会最伟大、最传统的食物之一的攻击……干涉熟成生奶酪制法就像网图修改古代大师的油画、撕碎某部经典交响乐的原稿一样。”[1]

奶酪生产者和爱好者组成了“奶酪选择联盟”，致力于推广生奶酪。老法子保存和交换信托的成员K·邓·吉福德说：“这些奶酪已经陪伴人类走过了几千年，FDA现在想把我们变成一个只懂得吃维他即食奶酪的国家。”巴氏杀菌能提高奶酪成品的稳定性，而且有助于生产出质量更为统一的产品。美国奶酪协会成员鲁斯·弗洛说道：“但这会破坏奶酪的风味，未经巴氏杀菌的奶酪可能会形成非常深刻和复杂的味道，而巴氏杀菌杜绝

① 玛琳恩·西蒙斯：《食物安全让美国药监会重新审视成品奶酪》，美国微生物协会新闻，2001-2-13。

了这种可能性。”欧洲匠人和传统生奶酪（EAT）联盟也赞同这种观点：“我们号召全世界的美食爱好者站出来，一起保护这种数百年里给我们带来了无数欢乐、灵感，让我们填饱肚子，如今却将被卫生管控破坏的食物。”①

未经巴氏杀菌的奶酪真的有害健康吗？美国疾控中心（CDC）主持了一项名为“1973～1992年间美国爆发的与奶酪有关的人类疾病”的研究。CDC的统计结果发现，因食用被污染奶酪而死亡的58人里，有48个人死于含有李斯特菌的奶酪，而这些奶酪均来自加利福尼亚州的一家工厂，它们生产的是经过巴氏杀菌的墨西哥风格奶酪。美食作家杰弗瑞·斯坦格顿研究了CDC的统计结果，发现其中没有一例死亡是由生奶酪导致的，只有一个案例是死于沙门氏菌。②

如果区区一个沙门氏菌致死的案例就能禁止一样食物，那我们可能没有几样能吃的东西了。“如果你一点风险都不能承受的话，先把牛杀死吧。”③一位匿名的微生物学家说。“没有任何研究结果表明我们应该被迫戒掉这种食物，让它成为全球化、标准化和大规模生产的祭品。”弗瑞总结道。难以批量生产的地区特产奶酪很难在全球市场上有立足之地。

① 详见欧洲手工与传统生奶奶酪联盟的《保护生奶奶酪的措施》，在线www.Bestofbridgestone.com/mb/nr/nr00/rmc.html。
② 杰弗瑞·斯坦嘉顿：《奶酪危机》，《时尚》，2000-6。
③ 详见伯克哈德·比尔格发表于《纽约客》的《生奶酪信仰》。

利用乳清发酵：红薯糖水

乳清营养丰富，而且用途广泛。可以用它来做汤底，用它烘焙，还能把它当肥料。从发酵奶里面分离出来的乳清饱含乳酸杆菌，甚至可以用它来发酵所有东西，例如土豆泥或番茄酱。萨利·法伦的食谱《营养丰富的传统美食》里介绍了很多利用乳清发酵的方法。我从中借鉴了一道饮品，叫红薯糖水，源自圭亚那。它味道甜蜜、清爽又充满果香，略带一点刺激性的口感。它使用蛋壳中和发酵过程中产生的酸味。红薯糖水很容易入口，连小孩子和那些不喜欢发酵味道的人都会爱上它。

预计时间：3天

材料（每1加仑/4升）：

1茶匙/5毫升肉豆蔻衣粉

2个大红薯

2杯/500毫升糖

半杯/125毫升乳清

2颗柠檬

肉桂

肉豆蔻

1个蛋壳

做法：

1. 在锅里放250毫升水，加入肉豆蔻衣粉，煮沸后关火。

2. 把红薯刨成碎屑，在水里浸泡一段时间，去掉淀粉。

3. 取一个大碗，放入红薯屑、1加仑水、乳清、柠檬汁和柠檬屑、肉豆蔻衣粉和肉桂各一撮。

4. 把蛋壳碾碎，加入混合物里。原版食谱到了这一步要加入打发的蛋白，但是我不吃生鸡蛋，所以我没放蛋白。自己制作也不妨一试。

5. 加入放凉的豆蔻衣水。

6. 搅拌一下，把碗盖上，防止苍蝇和灰尘进入。把碗放在一个温暖的地方发酵3天左右。

7. 把饮料倒进瓶子里享用，或是冷藏后再喝。

素食者的替代食谱

在我写这本书时，肖特山的另一位居民——素食者里佛一直在尝试用各种非奶制品制作开菲尔。里佛的实验相当成功，成品非常美味，我也在这里跟大家分享一下。

里佛曾经用各式各样的东西替代奶类制作开菲尔，每样都很美味。我最喜欢的是椰奶开菲尔。它的味道非常浓厚，酸甜可口。方法非常简单，把1汤匙（15毫升）塔拉/开菲尔珠放进大约1个罐头那么多的椰奶里，然后将其装入瓶子，在室温里放一两天即可。虽说开菲尔过去是种发酵奶制品，但开菲尔珠本身并非动物产品。它们是一种多糖，由酵母菌群和细菌结合而成的凝胶状物质。可以用水冲洗和浸泡这些物质，然后把它们放进更有营养的液体里。也可以用蔬菜汁、果汁、豆奶、坚果奶、米露，甚至是加了甜味剂的水制作开菲尔。蔓越莓汁能把开菲尔珠染成红色，而佳得乐会把它变成蓝色。不管面对什么介质，开菲尔珠似乎都能应对自如。尽管它们繁殖的速度可能不如在牛奶里迅速，但是制作方法跟前文介绍的奶类开菲尔完全一样。

南瓜子奶和开菲尔

里佛最喜欢的开菲尔是用南瓜子奶做的。南瓜子味道浓郁，营养丰富，当然也可以使用任何其他坚果或种子来制作。里佛制作南瓜子奶的办法非常简单，比豆乳要容易得多。市售豆乳总是包装得里三层外三层，光是它的包装壳本身就给地球增加了很多垃圾。自制南瓜子奶，你只需要一个玻璃瓶就可以了。以下是里佛的南瓜子奶做法；

预计时间：南瓜子奶需要20分钟，开菲尔需要1～2天

材料（每1夸脱/1升）：

1杯/250毫升南瓜子（或任何其他种子和坚果）

水

1茶匙/5毫升卵磷脂（可选，它的作用是黏合剂）

做法：

1. 把南瓜子放入搅拌机，打至非常细腻。

2. 加入半杯（250毫升）水，搅拌成泥。

3. 加入3杯（750毫升）水和卵磷脂，继续搅拌。

4. 用一块奶酪布包住南瓜子泥，用力挤压，把液体过滤出来。喜欢留下剩余的残渣，用它们做面包。

5. 往过滤出的液体里一点一点加水，边加边搅拌，直至达到自己喜欢的浓稠度。将其放进冰箱，每次使用前搅拌一下。

6. 制作南瓜子奶开菲尔。往1夸脱（1升）南瓜子奶里放1汤匙（15毫升）开菲尔珠，然后将其倒入瓶子里，在室温下放置1～2天。然后按照前文操作析出乳块和乳清。就像任何介质的开菲尔一样，南瓜子奶开菲尔浓郁又美味，还含有丰富的乳酸杆菌。

发酵豆乳

事实上，还可以用豆乳来做酸奶。我也试用过种子奶和米露，但没有成功过。在很多健康食品商店里都能买到活性的发酵豆乳，它可以作为豆乳酸奶的引子。做法跟酸奶几乎一样，在每1升豆乳里放入1汤匙（15毫升）豆乳引子，然后按照前文制作酸奶的步骤操作即可。发酵豆乳会比一般的酸奶要稠一些，但也非常好吃。

葵花籽酸奶油

种子的用途非常广泛，而且可以随制作方法不同转化成各种不同的口感和稠度。我们的社区是当地食品销售俱乐部的一部分，这个俱乐部是我们大部分食物的来源。我们的邻居芭芭拉·卓尔纳经营着这个提供方便又省钱的企业，她每个月会发布一份实时通讯，里面总会有几个食谱，其中就包括我下面要介绍的葵花籽酸奶油。食谱的原创者是另一个俱乐部成员罗琳。它是我吃过口感最接近酸奶油的替代品。葵花籽酸奶油和烤土豆是绝配。

预计时间： 2天

材料（每2.5杯/625毫升）：

1杯/250毫升生葵花籽

2汤匙/30毫升生亚麻籽

4汤匙/60毫升煮熟的谷物

3汤匙/45毫升橄榄油

1茶匙/5毫升蜂蜜（或其他素食甜味剂）

1汤匙/15毫升切碎的洋葱或韭菜

¼茶匙/1毫升芹菜籽

⅓杯即80毫升柠檬汁

1汤匙/15毫升开菲尔珠

做法：

1. 将葵花籽和亚麻籽放入水中浸泡8小时

2.把浸泡过的种子滤干，然后和除了开菲尔珠以外的其他材料一起放进食物处理机里搅拌。分多次向其中加入之前泡葵花籽的水，每次只加少许，直到混合物达到了细腻又浓稠的状态。

3. 把混合物放进非金属的碗或者瓶子里，放入开菲尔珠。发酵1～3天。

4. 去掉开菲尔珠（如果你能找到它们）。然后就搭配马铃薯或是面包享用酸奶油吧！

延伸阅读

1. 瑞奇·卡罗尔：《家庭奶酪制作》斯托里出版社，2002。
2. 瑞奇·卡罗尔，菲利斯·霍布森：《奶酪、黄油和酸奶制作》，楼层书籍，1997。
3. 芭芭拉·西莱蒂：《制作伟大的奶酪》，百灵鸟图书公司，2001。
4. 乔安妮·斯捷潘尼亚克：《无奶酪食谱》，布克出版社，1994。

第八章

面包（和松饼）

在西方文化里，面包是食物的代名词。这反映在我们的俚语里，我们会把钱叫作“面团”或是“面包”，还会用“面包”形容好看的屁股。这在我们的祈祷词中也有体现：“请赐予我们今天一天的面包吧！”面包不只是食物。迈克尔·波伦在《植物的欲望》里说，种植小麦和制作面包的过程“是文明征服自然的象征”。[①] 面包也推动了革命。面包涨价是法国大革命爆发的导火索之一。面包在世界上很多地方都是主食。它在不同地区有无数变种。并非所有“面包”都需要经过烘焙，例如有些地区就会食用炸面包或是馒头（蒸面包）。

① 迈克尔·波伦：《植物的欲望：用植物的眼睛看世界》，兰登书屋，2001，204页。

面包是利用酵母发面的。酵母是一种菌。面包制作中最常用的酵母菌是酿酒酵母菌。也就是说，啤酒跟面包是用同一种酵母发酵的。它们都是随着中东农耕文明在“新月沃土”地区的发展而形成的。

可以用啤酒来做面包，也可以用面包来做啤酒。它们来自同样的食材，区别只在于制作过程和原料比例。在这两样东西里，酵母的功能是一样的。酵母最基本的工作就是消耗碳水化合物并将其转化为酒精和二氧化碳。二氧化碳是面包里最重要的物质。有了它，面包才能蓬松又柔软。而酒精则在面包变熟的过程里蒸发了。

虽说酵母菌一直到19世纪中叶才被确认，但酵母这个词实际上从中世纪就出现了，它来自印欧语系。在人们还不了解微生物科学的时候，酵母指的是发酵过程里肉眼可见的变化，比如面团的膨胀，面糊或是啤酒冒泡，以及人们为了延续这种现象而采取的各种聪明的手段。

一直到18世纪70年代，“纯”酵母才被作为商品出售。近千年来，啤酒和面包都跟工业化生产无关，人们更相信源于自然的酵母。当你准备做面包时，你的面粉里可能已经含有酵母了。它在空气里无处不在，它随时准备大吃丰富碳水化合物的食物。

商店里的酵母跟身边自然存在的酵母之间的区别就是纯度。市售酵母都是经过选育的特殊菌株。它们是酵母菌里的优等生，因此得以被单独培养。法国历史学家布鲁诺·拉脱在《法国巴氏杀菌》一书里说："这是微生物第一次形成均匀的聚合体，我们的老祖宗可能从没想到会有这一天。"[①] 专业的供应商会销售十几种不同的酵母菌株。每种酵母能实现的效果各不相同。它们会在不同的温度里、以不同的速度繁殖，它们对酒精的耐受程度不一样，最终会产生不同的酶和味道。实验室里，科学家们正忙着改良酵母的基因，从而培育出更好的品种。当然，消费者们的选择也非常多。

你在自然界发现的酵母永远不可能是"纯"的。它们总是结伴而行，跟其他微生物在一起。它们能促进生物多样性。它们有独特的味道。它们无处不在。

纯酵母需要尽快被用完，否则其他微生物就可能会进入其中并繁殖。野生酵母发酵较慢。这样一来，面团就有机会真正发酵，让人类难以消化的麸质分解为更容易被吸收的营养物质，并产生维生素B。野生酵母里含有乳酸杆菌和其他细菌，因此会产生复杂的酸味。每当我在烤箱里烤面包时，那种又酸又香的味道都会充满整个厨房。

在商业酵母大行其道之前，人们用过很多办法让酵母保持存活。最简单的办法是，重复使用同一个容器，并且从不清洗它。还有很多面包师会留一小块面团或是发酵面糊作为"引

① 布鲁诺·拉脱：《法国巴氏杀菌》，阿伦·谢里顿和约翰·劳尔译，哈佛大学出版社，1988，82页。

子”。你可以终生保存这块引子，而且还能把它传给下一代。很多移民都会带着引子登陆陌生的土地。现在，引子一般是指“酸面团”或“天然酵母”。在很多食谱和面包店里都能见到酸面包，它算是个“高级货”。但我还记得直到130年以前，所有的面包都是用这种方式发酵的。你喜欢的任何一种面包都可以用这种方式制作，除了超市货架上那些可疑的白吐司。

人们热爱做面包。面包大师们写了各种伟大的面包食谱。事实上，我认识的很多面包师把面包制作视为灵修的过程。我很赞同他们，就像任何发酵过程一样，面包的生长需要精心呵护。你要尽全力去揉面团。面筋在揉的过程里诞生了，它能保存住发酵里产生的气体，使得面包蓬松又柔软。

在本章里，我首先会介绍制作酸面团引子的方法，然后会解释如何把酸面团应用在不同面包的制作中。酸面团用途很广泛。一旦体验过酸面团发酵的奇妙过程，你可能就会欲罢不能地继续实验。充分发挥你的创造力，用酸面团做出梦想中的面包吧！

基础酸面团

制作酸面团非常简单，把面粉和水混合，静置几天即可，期间你可以时不时去搅动一下。酵母是自然存在的，它会自行生长。我们的工作是保持酸面团的活性和新鲜。酸面团引子就像宠物一样，需要定期的呵护与投喂。如果保存得当，甚至能把它传给孙子孙女。我从没把一块酸面团保存过一年以上，因为我经常出门旅行。但幸运的是，酸面团的做法并不复杂，随时都能重做一块新的。以下是我制作酸面团的步骤。

预计时间：1周左右

材料：面粉，水，有机西梅、葡萄或是莓子类（可选）

做法：

1. 在碗里放入1杯水和1杯面粉。不要用那种氯气味很浓的水。可以用煮土豆或是意大利面的水，它们富含碳水化合物，酵母最喜欢了。至于面粉，我一般会用黑麦粉，因为我喜欢全黑麦面包，但也可以用任何其他面粉。

2. 大力搅拌。加速发酵的一个小窍门是，往碗里放一些整颗、未洗过的水果。我一般会用葡萄、西梅或是莓子类。这些水果的皮都是可食用的，它们能加速酸面团里产生气泡。最好使用有机水果，因为你不知道工业化农场里的水果上喷洒了什么抗菌药物！

3. 用奶酪布把碗盖上，这样既能防止苍蝇进入，又能保持空气流通。

4. 把面糊放在一个温暖且通风良好的地方（21～27摄氏度为佳）。时不时检查一下面糊，至少每天一次，每次都要再用力搅拌一下。这能提高酵母的活跃度。

5. 数天以后，如果发现面糊的表面已经开始冒出小泡泡，那么酵母就已经被激活了。要注意，搅拌也会让面糊表面出现气泡。但那只是你在面糊里注入的空气，不要把它跟酵母产生的泡泡搞混了。这个过程需要的具体天数会因环境和温度而不同。每个生态系统里的微生物群都不一样。这也是为什么不同地区的酸面团味道截然不同。你猜旧金山乳酸杆菌是在哪里被发现的？

6. 很多食谱建议读者在面糊里放一点市售酵母来加快发酵速度。但我本人更加享受自然发酵的过程。如果你发现三四天后面糊还是没冒泡，你可以把它转移到更温暖的地方，也可以放一撮市售酵母进去。

7. 等到酵母活动比较显著以后，把水果取出来。接下来的3～4天里，每天往面糊里添加1～2汤匙面粉（15～30毫升），并继续搅拌。可以加入任何面粉，甚至是吃剩的谷物也可以。面糊会越来越稠，并逐渐膨胀，但需要让它一直保持液体的形态。如果发现面糊已经有变成固体的趋势了，就加一点水进去。

8. 等面糊变得浓厚且充满气泡时，引子就做好了。使用的时候只要挖出需要的分量即可，把剩下的引子保存在罐子里，让酸面团继续发酵。只要罐子里还有残余的酸面团，就可以继续补充进等量的面粉和水，让它们继续发酵。仍旧要充分搅拌，然后把罐子放在一个温暖的地方，每天添加一点点面粉进去。如果你不常烘焙的话，也可以把它放进冰箱，这样会降低酵母的活性，延缓发酵。放入冰箱的最佳时机是在面糊剧烈冒泡4～8小时以后。冷藏的酸面团仍然需要投喂，但只要一周一次即可。当你打算烘焙的时候，提前一两天把引子取出来，转移到一个温暖的地方，并放一点面粉进去，让酵母重新活跃起来。

保存酸面团引子

只要保存得当，酸面团引子能永远活下去。每次用掉一部分之后，都需要再补充等量的水和面粉（比例是1：1）进去。然后每天投喂一点新鲜的面粉。如果你要出远门，可以先往酸面团里加一些面粉，让它发酵几个小时，然后加盖放进冰箱里。你可以把酸面团在冰箱里保存数周，甚至冷冻更长时间。如果你忘记了酸面团的存在，它会变得非常酸，最后甚至会腐烂。到了一定程度以后，这份引子会变得特别容易被“重启”，哪怕酵母把营养吃光了，其他微生物已经占据主导地位了，只要你再次投喂养分进去，酵母就能很快地夺回主动权。

回收谷物面包

我非常喜欢回收食物，不想浪费一点东西，其结果就是我经常用吃剩的谷物做面包。你可以用很多食物残余做面包，不只是谷物，还有蔬菜、汤、奶制品等。我的朋友艾米是个垃圾桶潜水冠军。她的信仰就是：在食物回收上大胆创新吧！

在我教你们做面包以前，我要先承认：我在做面包时从来没测量过任何材料。我总是凭感觉判断每样东西的分量。不过为新手考虑，我还是会努力提供一些确切的数据。但事实上面粉和水的分量在不同环境湿度下会相当不同。

预计时间：大约2天

工具：大碗，毛巾，面包桶

材料（每2个面包）：

2杯/500毫升剩米饭（或是燕麦、荞麦等）

2杯/500毫升冒泡的酸面团引子

2杯/500毫升水（也可以放一半水，一半剩汤、剩啤酒或是开菲尔）

8杯/2升面粉

1茶匙/5毫升海盐

做法：

1. 把剩饭放进大碗，加入引子，加入温水和4杯面粉。面粉至少要有一半是小麦粉，剩下的部分可以换成荞麦粉、玉米粉或是黑麦粉等。充分搅拌面糊，然后就得到了一坨像海绵一样的物体。把它放在温暖的地方，盖上湿布或湿毛巾，等待8～24小时，时不时搅拌一下，直到表面出现气泡。

2. 待“海绵”冒泡后，加入盐。盐会抑制酵母活动，所以我们一开始不能放盐。但盐会增加面团的延展性，并且防止酵母活动太快。没有盐的面包吃起来淡而无味。如果剩饭里本身就含盐，那就减少一点盐的用量。

3. 缓缓地加入余下4杯面粉。在倒面粉的过程里不停搅拌，直到面团结实到你无法用勺子搅拌的程度。

4. 在砧板上撒一些干面，开始揉面团。如果你从来没揉过面团，可以跟我学一下大体动作：用手掌推面团，拉扯和摊平它，再重新叠起来，继续推，再次拉扯和摊平，如此往复。

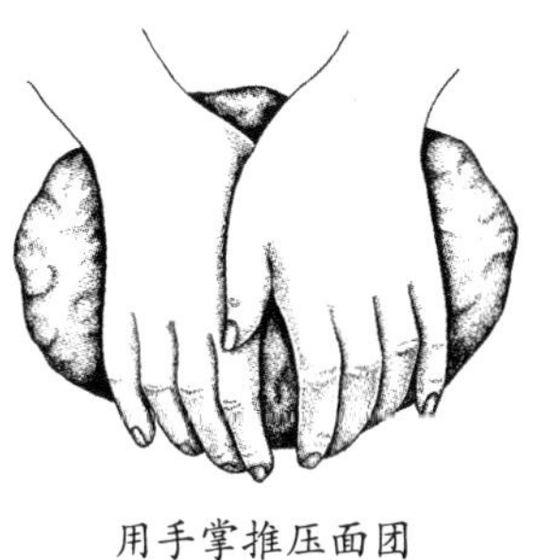

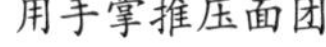

用手掌推压面团

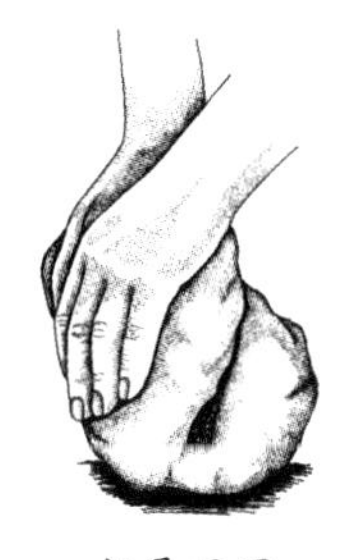

折叠面团

在揉面的过程里，需要时不时往砧板上洒一点面粉，否则面团会沾手。至少得揉10分钟以上。有个很简单的办法能帮忙判断面团是否揉好了：用手指戳一下面团，揉好的面团应该弹性十足，很快能恢复原状。

5. 把面团放进一个干净、里面有少许油的碗。用湿毛巾盖上，把碗放在温暖的环境里，等面团膨胀。

6. 要让面团发到原来的1.5倍大，这可能得花上几个小时，具体时间取决于环境温度和湿度。如果厨房温度较低（例如10～16摄氏度），面团可能需要几天才能发好。但它总会膨起来的。

7. 把发好的面团分成几份。在面包桶里滴少许油，再把面团逐个揉一下，将其整成喜欢的形状。我一般会把面团擀平，再卷起来放进面包桶里。

8. 让面团二次发酵一两个小时，直到它完全膨胀。

9. 预热烤箱到205摄氏度，然后烘焙。（注意，烤箱各不相同，有些烤箱在高温下会先把外皮烤焦，但面包内部还是生的。如果你发现自己的烤箱有这个问题，就用175摄氏度烤面包，并把时间延长10分钟）。

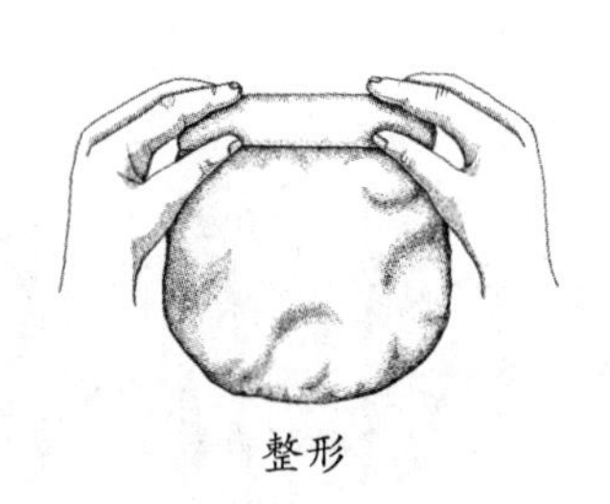

整形

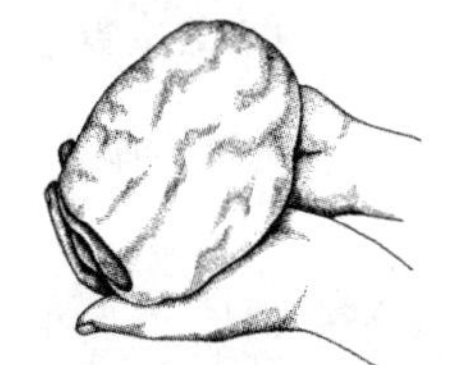

10. 40分钟后，检查一下面包。它们很可能还欠火候，你可能要烤45或50分钟，甚至更久。要判

断面包是否烤好了，把它从面包桶里取出来，底部朝上，敲一下面包底，如果发出的声音很空洞，像打鼓一样，证明面包已经烤好了。否则，要赶紧把面包放回烤箱里，继续烘焙。

11. 待面包出炉后，把它从面包桶里取出，放在架子上晾凉。面包里的余热此时仍然在发挥作用。

虽说面包的香气总会令人迫不及待，还是尽量耐心等15分钟吧，这样它会更好吃的。

这就是制作面包的基础步骤，掌握了这些技巧，就可以用自己的酸面团尽情发挥创造力了。

洋葱香芹籽黑麦面包

我最爱的面包是黑麦面包。黑麦的味道非常浓郁。大部分食谱书都会建议在做黑麦面包时用一半普通面粉一半黑麦粉，但我更偏好全黑麦面包。黑麦面包是北欧地区的传统食物，那里寒冷阴湿。在那些气候恶劣的地区，黑麦曾是人们的主食。后来，小麦传入了这些地方，并成了有钱人的新欢，但普通人仍然以黑麦为主食。

黑麦跟小麦在很多方面都不一样。黑麦面包不是靠面筋锁住二氧化碳的。黑麦里还有一种多糖化合物，名叫戊聚糖，它极度黏稠，能让面团锁住气体。[①]所以，100%的黑麦面包是无须揉面的。

预计时间：大约2天

材料（每2个面包）：

4个洋葱

2汤匙/30毫升蔬菜油

2杯/500毫升酸面团引子

3杯/750毫升水

1汤匙/15毫升香芹籽

8杯/2升黑麦面粉

1茶匙/5毫升盐

做法：

1. 切碎洋葱，把它放到油锅里翻炒一下，待其透明后关火。

2. 把洋葱、酸面团引子、水、香芹籽和半份黑麦面粉放进一个碗里，搅拌均匀。加盖放在温暖的地方静置8～24小时，不时去搅拌一下，直到它开始冒泡。

3. 加入余下的面粉和盐。面粉要分次加入，边倒边搅拌，一直到面团成型，你无法用勺子搅动它为止。用湿布把

① 若想深入了解面包制作中的科学，请参考丹尼尔·文恩和艾伦·斯科特著的《面包制作师：炉火面包与石烤炉》。

碗盖住，再等8～12小时，直到面团明显胀大。

4. 面团整形。黑麦面团非常粘手，它的黏合性和成型度也不如小麦面团。把手沾湿再处理黑麦面团会更容易一些。把整形好的面团放进有少许油的面包桶里，然后把顶部抹平。再等待1～2小时，让面团进一步发酵。

5. 烤箱预热到175摄氏度，开始烘焙。

6. 半小时后检查一下面包。整个烘焙过程可能需要2小时以上，但需要提前检查一下。检查方式跟前文一样，把面包从桶里取出来，敲一下底部，如果听起来声音比较空洞，它就可以出炉了。

7. 放到架子上晾凉面包。大多数面包都是新鲜的时候最好吃，而且很快就会变干了。但黑麦面包最大的优势就在于，它的内部可以长期维持湿润，而且越放越好吃，甚至可以把它放上好几个星期。它的外皮会越来越干硬，但当你把它切开以后，会发现内部仍是柔软可口的。对于这类口感扎实的面包，切片食用是最佳选择。

粗黑麦面包

粗黑麦面包是一种深色的黑麦面包，它的主要成分是粗磨黑麦，深黑的色泽则来自糖蜜、浓缩咖啡、角豆粉甚至是可可粉。可以在我上文介绍的黑麦面包食谱中加入其中一种甚至几种“染色剂”。使用咖啡的时候，要先把它放凉至可以触摸的温度，用1杯（250毫升）咖啡取代1杯水，或者用1杯角豆粉／可可粉取代1杯面粉。糖蜜则需在制作面糊的阶段加入，然后就可以按照黑麦面包的步骤继续制作了。

德国葵花籽面包

法国和意大利是欧洲做面包最有名的国家，大概是因为他们的面包格外松软。但是我最喜欢的欧洲面包是德国面包。我尤其喜欢扎实的德国葵花籽面包。

预计时间：大约2天

材料（每2个面包）：

2杯/500毫升冒泡的酸面团引子

2杯/500毫升温水

4杯/1升葵花籽

6杯/1.5升小麦粉（面粉或全麦粉，按个人喜好选择）

2杯/500毫升黑麦粉

1茶匙/5毫升盐

做法：

1. 把酸面团引子、温水、葵花籽、半份麦粉和半份黑麦粉放进碗里，混合成面糊。

2. 放在温暖的地方发酵8～24小时，直至面糊冒泡。

3. 加入盐和余下的面粉，揉成一个结实的面团。然后按照第153页“回收谷物面包”步骤4以后的流程操作。

哈拉（犹太白面包卷）

酸面团不只适用于扎实的全麦面包。用它做犹太人的传统面包哈拉也非常合适。哈拉是一种浅色、蛋香浓郁、形状像辫子一样的面包。我家不怎么注重犹太人的宗教传统，但都很喜欢哈拉面包。

我叔叔的妈妈托比·霍兰德以擅长做哈拉著称。她生于19世纪，当我还是个孩子的时候，她跟她的丈夫赫曼是我认识的年纪最大的人。托比的哈拉面包配方甚至登上过《纽约时报》，她用的是市售酵母，但我改良了她的配方，采用了自然发酵的酸面团。

预计时间：12～24小时

材料（每个大面包）：

1杯/250毫升冒泡的酸面团引子

310毫升水

7杯/1.75升白面粉

1汤匙/15毫升糖

2茶匙/10毫升海盐

3汤匙/45毫升蔬菜油

3颗鸡蛋，打散

做法：

1. 在碗里加入酸面团引子、1杯水和2杯过筛的白面粉。搅拌均匀，加盖后在温暖的地方放置几个小时，直到面糊开始冒泡。最多可以让它静置24小时。一切都视你的日程而定。

2. 在耐热的量杯或是金属小碗里放入糖、盐、油和60毫升水。锅里加水，开小火烧热，然后把小碗放进锅里。等到混合物微微发热时，加入打散的鸡蛋，可以留下大约15毫升蛋液，用来刷在面包外皮上。继续加热，并不断搅拌小碗里的混合物，直到它变成细腻的奶油状。不要让碗里的温度变得过烫，要一直让它们保持在不烫手的温度上。

3. 把碗里的混合物倒进冒泡的面糊里。

4. 把剩下的5杯面粉筛入大碗，在中间挖一个洞。把面糊和蛋液的混合物倒进这个洞里，然后开始揉面，直至形成柔软的面团。最后，就像托比对《纽约时报》说的，“就是革命性的时刻了”。

5. 托比建议读者直接在碗里揉面，因为这样更容易清理。大概需要揉10分钟以上。

6. 在面团表面抹上少许油，然后把它放在碗里，用温热的毛巾盖上碗。把它放在温暖的地方静置3个小时，直至面团膨胀到2倍大小。

7. 把膨胀的面团揉几分钟，然后分成3等份。把每个小面团揉成大约18英寸（45厘米）长的条，然后将3根面条编成一根辫子。把辫子的尾端捏紧，然后折到后面。

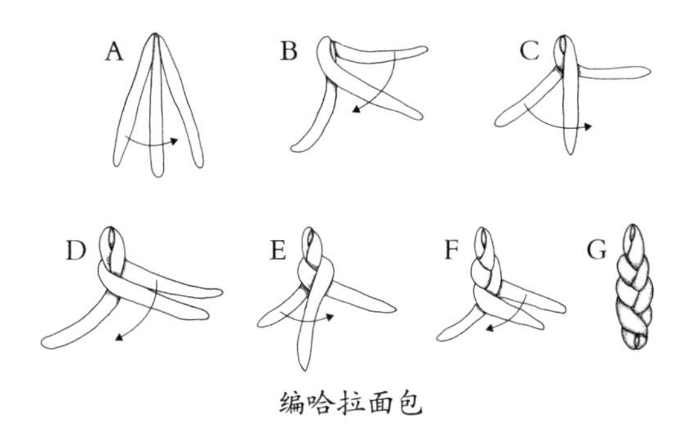

编哈拉面包

8. 在烤盘上喷少许油，然后轻轻把辫子形的面团放进去。把它放在温暖的环境里静置1～2小时，直到它的体积再膨胀一倍。

9. 将烤箱预热到250摄氏度。

10. 把余下的蛋液轻轻刷在面包顶部。

11. 烘烤40～45分钟，直到面包呈现微棕色。把它放在窗边晾凉。

12. 享用新鲜的哈拉面包吧。如果它变干了，还可以用它做出很棒的法式煎吐司。

阿富汗面包

当然，跟任何其他菜系一样，阿富汗饮食也有丰富的发酵传统。当我了解到阿富汗面包时，我想起自己儿童时代曾经在纽约吃过这种面包，这是我妈妈发现的很多神奇的异国美食之一。

阿富汗面包是一种美味的扁面包，其中加入了黑孜然籽，这是一种中东地区的香料，跟美国和墨西哥常见的大粒孜然相当不同。

预计时间：4～8小时

材料（每1个大扁面包，足够6～8人食用）：

1杯（250毫升）冒泡的酸面团引子

2杯（500毫升）全麦粉

2杯（500毫升）未漂白面粉

1茶匙（5毫升）海盐

¼杯（60毫升）蔬菜油

½杯（125毫升）温水

1个蛋黄

1汤匙（15毫升）黑孜然籽

制作：

1. 先检查一下酸面团引子有没有活跃冒泡。如果没有，加入一点面粉，搅拌均匀，然后把它放在温暖的地方静置1小时，直到它肉眼可见的活跃起来。

2. 把面粉和盐在碗里混合均匀，在中心挖一个洞。

3. 把酸面团引子和油倒进洞里，然后揉成面团，往面团里分次少量地加入温水，直至面团变得紧实有弹性。

4. 把面团揉5～10分钟。

5. 把面团放回碗里，用湿毛巾盖起来。放到温暖的地方发酵。

6. 耐心等待面团发酵至原体积两倍大小，所需时间因环境条件而定。有可能是两三个小时，也有可能需要8小时以上。

7. 烤箱预热到175度。

8. 在砧板上洒一点面粉，把面团擀成不到1英寸（2.5厘米）厚的面饼，尽量让整个面饼厚度均匀一点。可以把它擀成长方形或椭圆形。把面饼放进无油的烤盘里。

9. 在蛋黄里加入15毫升水，搅拌均匀。将蛋液刷在面饼表层，然后撒上黑孜然籽。

10. 烘烤20～25分钟，直至顶部变金色。如果它开始膨胀，变得像个口袋面包一样，也不要慌张。

发芽谷物面包和艾色尼面包

艾色尼面包（Essene Bread）是一种很罕见的、口感湿润的甜面包。它的做法是把发芽的谷物磨成粉，做成面团后并不放进烤箱，而是低温烘干。发芽的谷物会让面包格外甜。因为在发芽的过程中，谷物里的淀粉转化成了糖。发芽是啤酒制作的常见方法，我在本书第11章也会介绍。发芽谷物常见于艾色尼面包里，但也可以把它们加入任何其他面包里。

艾色尼是一支古老的犹太教派，他们是和平主义者，不事商业，彼此分享食物，并且有非常严格的饮食要求。过去，艾色尼面包是不经发酵的。但是在里面加入酸面团引子并发酵1～2天会给这种甜面包增添一种奇妙的酸味，而且会让它松软一些。

发芽谷物面包

本书接下来几章里会经常涉及发芽的谷物。但每个食谱里使用的谷物类型和数量都不一样。一个大艾色尼面包需要3杯（750毫升）任意的全壳谷物，麦粒、黑麦粒或是燕麦粒都可以。

预计时间：2～3天

工具：

如果有专门的发芽设备那再好不过了，但没有也不要紧，我是用一个4加仑的广口瓶发芽的，在瓶口盖了一块奶酪布，并用橡皮筋把它固定住了。

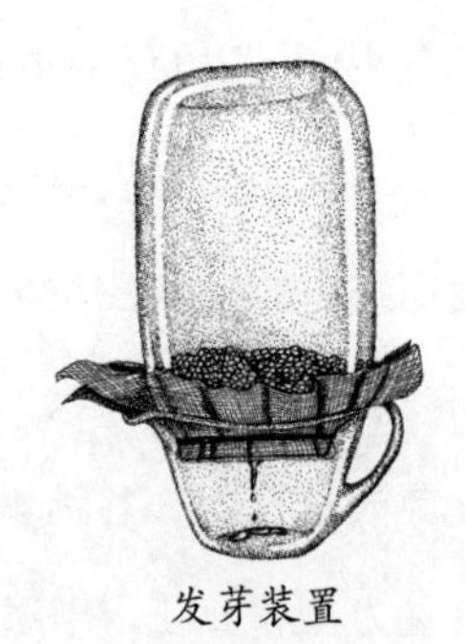

发芽装置

做法：

1. 在上文描述的瓶子里放入谷物，室温下用水浸泡12～24小时。

2. 把水滤掉。瓶子倒扣在一个1夸脱（升）的杯子或碗上。这一步的关键就是避免谷物接触到下方控出来的水，否则泡在水里的谷物会腐烂而不是发芽。

3. 每天用干净的水冲洗谷物，早晚各一次，如果有可能，再频繁一些也可以。如果天气比较炎热，更要经常冲洗一下。这些行为的目的是防止谷物干掉或发霉。

4. 在发现谷物上面长出了小尾巴后，最好在2～3天以内使用，此时的甜味是最浓郁的。注意一定要每天冲洗谷物至少2次。

艾色尼面包

预计时间（包括生芽时间）：4～5天

材料（每1个大面包）：

3杯/750毫升全壳谷物，发芽

1/4杯即60毫升酸面团引子

半茶匙/2毫升海盐

做法：

1. 按照上文步骤让谷物发芽。

2. 把谷物磨碎。我一般是用食物处理机来操作这一步，也可以用石磨。如果喜欢，可以保留一些未磨的谷物。

3. 加入酸面团引子和盐，然后充分搅拌。可以加入葵花籽和香料，或是葡萄籽和胡萝卜屑。总之，加入你喜欢的材料就可以了。

4. 在面包桶里加少许油，然后把发芽谷物酸面团加进去。

5. 把面包桶用布盖起来，防止苍蝇进入，然后发酵1～2天。

6. 干燥面包。艾色尼人是在阳光下把面包晒干的。在阳光充足的夏日，可以先把面包放在阳光下晒半天，然后把它翻个面再晒上半天。但我经常在烤箱里烘干面包。我会把烤箱开到95摄氏度，然后把面包放进去烘烤4个小时。当面包开始收缩，边缘跟桶壁之间出现了空隙时就烤好了。还可以采用太阳能烤箱或者是风干机干燥面包。

英杰拉（埃塞俄比亚海绵面包）

另一种我非常喜爱的酸面包是英杰拉（Injera）。它是埃塞俄比亚人民的主食。在埃塞俄比亚餐馆里，侍应生端上的每盘菜里都放着几片英杰拉，人们会把它撕成小块，然后蘸着配料吃。英杰拉一般需要在餐前做好，降至室温后才食用。我下文会介绍一道美味的配菜，炖花生和红薯。可以用英杰拉搭配任何酱汁浓郁的菜。而且还能在互联网上找到很多美味的埃塞俄比亚食谱。

预计时间：24小时

材料（每18～24个英杰拉）：

2杯/500毫升冒泡的酸面团引子

5杯/1.25升温水

2杯/500毫升全麦面粉

2杯/500毫升画眉草粉（画眉草是一种埃塞俄比亚植物，如果你找不到它，也可以使用黍米粉，或是全部用面粉）

1茶匙/5毫升盐

1茶匙/5毫升食用小苏打或泡打粉（选用）

蔬菜油

做法：

1. 把酸面团引子、水、面粉按次序放进一个大碗里，然后用力搅拌。成品的面糊应该比松饼的面糊要稀一些。如果有必要，加入更多水。把碗盖起来，防止苍蝇进入。

2. 把碗放在温暖的地方，发酵24小时。期间多搅拌几次。

3. 等准备开始做英杰拉的时候，再加入盐。

4. 下面的步骤可以有选择地进行。如果喜欢酸味，可以做一个气孔适中的面包。在面糊里加入1汤匙新鲜面粉，激活酵母。如果喜欢更加蓬松的面包，可以再加一茶匙（5毫升）食用小苏打并搅拌均匀。食用苏打是碱性的，因此它能中和掉一些酸味。或者，也可以加入一茶匙（5毫升）泡打粉。泡打粉里既有小苏打粉又有其他酸性物质中和苏打的碱性，因此它既能产生气泡，又不至于降低面包的酸度。

5. 不管加入了什么材料，都要搅拌均匀，并静置几分钟再烹饪。

6. 开中火，烧热铸铁锅（或其他平底锅）。在锅里薄薄地刷一层油。

7. 把面糊倒进烧热的锅里，要摊得尽可能薄一些。如果觉得面糊不够薄，可以略加入一点水。锅应该热度适中，既足够让面糊立刻成型，又不至于把它烧煳了。

8. 把锅盖盖上，直到英杰拉开始出现小洞，且上层变干燥。英杰拉不需要翻面。做好以后把它取出摊凉。

9. 可以用一条毛巾把凉透的英杰拉包起来，也可以把它们挂在架子上。

花生和红薯炖菜

我对发酵的狂热很大程度上受了麦克辛的鼓舞，他住在离我们不远的另一个社区IDA里，他经常组织发酵食物大餐会。有一年，他给200个人做了天贝鲁本三明治。而埃塞俄比亚之夜则成了每年一次的活动。我会做英杰拉和泰吉，他会做其他美食。他曾经从《慕斯伍德餐馆里的星期天》里学了一道菜，并加以改良，正是花生和红薯炖菜。花生在英语里是Peanut，但在非洲它叫作Groundnut。非洲人喜欢用山药，但麦可辛一般会使用红薯。我下面要介绍的食谱里放了耶路撒冷朝鲜蓟，它根本不是非洲蔬菜，但是很多美国农民都非常喜欢它。耶路撒冷朝鲜蓟会给这道菜增添别样的口感。如果没有耶路撒冷朝鲜蓟，那就跳过它好了。

预计时间：30～40分钟

材料（每6～8个人）：

2杯/500毫升洋葱

2汤匙/30毫升蔬菜油

3杯/750毫升切成小块的红薯

3瓣蒜，切碎

半茶匙/2毫升卡宴辣椒粉

2茶匙/10毫升姜

1茶匙/5毫升孜然

1汤匙/15毫升帕帕莉卡辣椒粉

1汤匙/15毫升葫芦巴

1茶匙/5毫升盐

肉桂1块、丁香1颗，压碎

4杯/1升新鲜或罐头番茄

1杯/250毫升苹果汁，或是1杯/250毫升水加1汤匙/15

毫升蜂蜜

¾杯/185毫升花生酱

2杯/500毫升切片的朝鲜蓟

3杯/750毫升卷心菜或其他深绿叶蔬菜，切碎

做法：

1. 取一个深口锅，放油，放洋葱煎至半透明，大约需要5分钟。

2. 加入红薯、大蒜和卡宴辣椒粉，翻炒后加盖焖5分钟。

3. 加入除了花生酱、朝鲜蓟和绿叶菜以外的所有材料，煮沸后转小火炖大约10分钟。

4. 从锅里舀出半杯到1杯液体，用它融化花生酱，搅拌成细腻的奶油状。加入稀释后的花生酱、朝鲜蓟和绿叶菜，再炖5分钟以上，直至蔬菜软烂。如果锅里的炖菜太稠，可以加入适量水，并按照你的喜好调味。

5. 搭配英杰拉或粟米食用。

阿拉斯加边境酸面团松饼

酸面包在美国边境地区是一种重要到被神化的食物。先人们喜好酸面包浓郁的味道和坚实的口感。另一方面，它很容易制作，这对食材匮乏的边境地区而言是非常重要的。旧金山著名的酸面包就是加利福尼亚掘金热时期的产物。阿拉斯加的拓

荒者们外号就是“酸面包”，可见他们有多爱这种食物。“真正的阿拉斯加‘酸面包’宁愿不带来复枪在山上过一年，也不愿意放下他锅里冒泡的酸面团”。

这句话来自鲁斯·奥尔曼的《阿拉斯加酸面包：正宗极地饮食》。[①]奥尔曼回顾了有关阿拉斯加酸面包多么流行的故事。“不知怎么回事，阿拉斯加人觉得泡打粉会导致性欲低下。北方的汉子都为自己强大的性能力而自豪，当然，你从某些阿拉斯加混血家庭的人数里很容易看出这一点。他决不允许自己的性能力受到一点损害。所以过去的阿拉斯加人是完全不吃泡打粉做的饼干的。这也使得酸面包在当地大行其道。”

北极地区的严寒对酸面团发酵是个不小的挑战。“当温度计读数降到零下50摄氏度时，问题就严重了。”奥尔曼写道。“冬天，这里的人甚至会搂着酸面团锅睡觉，这样他第二天才能吃上酸面包。随着温度一路走低，杰克（她丈夫）会把酸面团放进阿尔伯特王子烟草的盒子里。然后把烟盒塞进毛衣里层的口袋里，防止它冻住。如果想激活一锅酸面团，只要略微再加点引子进去就够了。”

奥尔曼推荐读者们使用泡打粉中和酸面团松饼的酸味。“酸面包不需要吃起来这么酸，它只要有新鲜发酵过的味道就好了。记得，你可以用苏打来把它变甜。”

---

① 鲁斯·奥尔曼：《阿拉斯加酸面包：正宗极地饮食》，阿拉斯加西北出版社，1976。

预计时间：8～12小时（前一天夜里做面糊，这样第二天早上就能吃上松饼了。）

材料（每16个松饼）：

1杯/250毫升冒泡的酸面团引子

2杯/500毫升温水

2.5杯/625毫升全麦面粉或白面粉

2汤匙/30毫升糖（或其他甜味剂）

1颗鸡蛋

2汤匙/30毫升蔬菜油

半茶匙/2毫升盐

1茶匙/5毫升食用小苏打

做法：

1. 把酸面团引子、温水面粉和糖放进一个大碗里，搅拌至细腻。加盖后在一个温暖的地方静置8～12小时。

2. 准备做松饼的时候，再把打散的鸡蛋、油和盐加进去，搅拌均匀。

3. 把小苏打粉和15毫升水混合，然后缓缓加入面糊里。

4. 加热铸铁锅，刷上油。

5. 舀一勺面糊到锅里。等到面饼表面开始大量冒泡的时候，翻面，直到两面都变成棕色。

6. 搭配酸奶或枫糖浆食用。

咸味迷迭香大蒜酸面团土豆饼

这个风味独特的土豆饼是肖特山美食大师奥奇德的另一大发明。

预计时间： 8～12小时

材料（每30个3英寸煎饼）：

2～3个马铃薯或是红薯

1杯/250毫升酸面团引子

2杯/500毫升温水

1杯/250毫升全麦粉

1杯/250毫升黑麦粉

半杯/125毫升白面粉

1汤匙/15毫升迷迭香，切碎

1颗鸡蛋

2汤匙/30毫升蔬菜油

半茶匙/2毫升盐

5汤匙/75毫升（或更多）大蒜碎

做法；

1. 先用水把土豆煮熟，煮到能用一个叉子轻易穿透它们即可。把土豆放凉，压碎。

2. 把酸面团引子、温水、土豆泥、面粉和迷迭香放进一个大碗，搅拌均匀。加盖后静置8～12小时。

3. 准备做煎饼时，再加入打散的鸡蛋、油和盐。

4. 烧热平底锅，刷油。把面糊舀进锅里，做成一个大约3英寸的煎饼，给每个煎饼撒上大蒜碎。等到煎饼开始冒泡时，就将其翻面，直至两面都变成棕色。

5. 做好的煎饼可以马上吃，也可以把先做好的放进温暖的烤箱里，等全部做好以后再吃。

6. 搭配酸奶油、酸奶或者开菲尔食用。

酸面团芝麻米饼

米饼的做法很简单，利用酸面团自制米饼则是又简单又好吃。我这个食谱受到了爱德华·伊思佩·布朗的《塔萨加拉面包之书》的启发。

预计时间：16～24小时

材料（每50个米饼）：

1杯/250毫升剩米饭

半杯/125毫升酸面团引子

半杯/125毫升水

2汤匙/30毫升蔬菜油

2汤匙/30毫升芝麻油

1杯/250毫升全麦面粉

1汤匙/15毫升盐

4瓣蒜，切碎

1杯/250毫升米粉

3汤匙/45毫升芝麻

做法：

1. 在碗里放入剩米饭、酸面团引子、水、油和全麦面粉，搅拌成浓稠的面糊，然后让它发酵8～12小时。

2. 等到面糊不断冒泡时，加入盐、大蒜和米粉，揉成面团。如果面团太粘手，就再加一点面粉进去。不需要揉太久。揉完后让面团发酵8～12小时。

3. 预热烤箱至160摄氏度。在烤盘上刷油。先把面团分成棒球大小的团，然后再逐个擀成薄片，越薄越好。用切割器把面片分成一个个米饼，然后放在烤盘上。在每个米饼上用叉子戳几下，这样会让它们变得更脆。

4. 在米饼上刷油，并撒上芝麻，放入烤箱烤20～25分钟，直到它又干又脆。

其他面包和松饼食谱

参见第六章的“多萨和艾德里斯”，第七章的“塔拉荞麦煎饼”，和第九章的“酸玉米面包”。

延伸阅读

1. 爱德华·伊思佩·布朗:《塔萨加拉面包之书（25周年纪念版本）》，香巴拉出版社，1995。
2. 丹尼尔·利德，朱迪思·伯拉尼克:《只有面包：自制新鲜面包》，威廉·莫洛出版社，1993。

第九章

发酵的谷物粥和饮品

面包是一种非常精致的谷物产品。只有用几种特定的小麦和黑麦制作的面包发酵效果最好。你大概没听说有人用燕麦或者小米做面包吧？同时，制作面包需要花费很多时间和精力来磨粉、揉面和预热烤箱。烤箱是一种相对比较先进的科技产品，对于很多还挣扎在温饱线上的人来说，它是遥不可及的。

有很多传统的谷物发酵品不能被称为面包，甚至无法被称之为松饼。正如面粉和水的混合物会自行变成酸面团一样，小米和水的混合物也会发酵，西非人会用这种发酵物来制作一种名为“奥吉”(Ogi)的粥。谷物发酵可以形成固体，例如奥吉、日本甘酒和其他各种发酵粥。

谷物也可以在发酵里变成液体，例如啤酒和很多其他饮料。

在我居住的田纳西州，早期原住民切诺基人曾饮用过一种名为加努赫那（Gv-no-be-nv）的酸玉米饮料。在俄罗斯，人们喝格瓦斯（Kavss），它是由老面包发酵而成的。生食爱好者还可以尝试一种名叫“回春水（Rejuve lac）”的健康发酵饮料。

玉米和碱法烹制

在欧洲人到来以前，玉米是南北美洲的主要粮食作物。先人们的生活围绕着玉米展开，至今仍有不少人是这样。传统的玉米烹饪跟日后欧洲人的改良做法有个关键的区别：就是“碱法烹制”（Nixtamalization）过程。它是一个阿兹特克单词的英语版本。原本的阿兹特克词汇tamale就隐藏在这个词中间。很多墨西哥玉米产品都会使用这种烹饪方式。在墨西哥市场上，你会见到碱法烹制的玉米面团“马萨”（Masa），和玉米粒“泼所里”（Posole）。用这种方法处理的玉米在北美被称为“霍米尼”（Homing）。

碱法烹制过程很简单。先浸泡玉米，再把它放进石灰或者草木灰里烧熟，然后冲干净。这种碱法烹制的过程能很好地保存玉米里的营养物质。而且它还会改变玉米里氨基酸的比例，令玉米里含有完整蛋白质，并且让烟酸

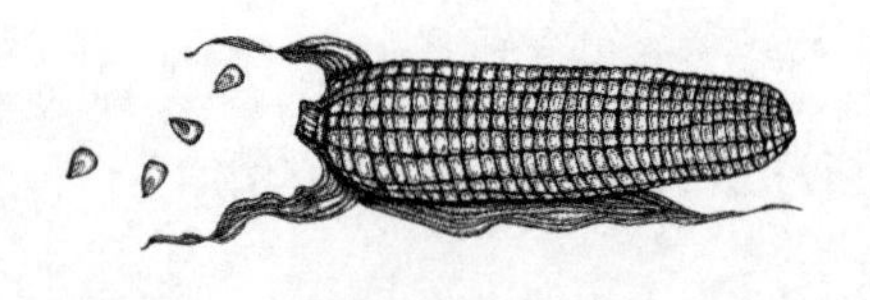

更容易被人体吸收。[①]“碱法烹饪非常先进，它是中美洲文明试图崛起的见证。”历史学家苏菲·D·科尔写道。[②]欧洲人从美洲引进了玉米，但没引进碱法烹饪，因此美洲以外以玉米为主食的地区很长一段时间都流行糙皮病和夸休可尔症，前者是烟酸缺乏症，后者是蛋白质缺乏症，但是在采用碱法烹饪的地区则没有出现这种情况。

减法烹饪本身不是发酵过程。但传统的玉米发酵里会采用碱法烹饪过的玉米，因此我会先简单介绍一下这种烹饪方式。

预计时间：12～24小时

材料（每4杯/1升泼所里）：

2杯/500毫升全壳玉米

水

半杯/125毫升木灰或2汤匙/30毫升熟石灰

做法：

1. 把玉米放入水中浸泡12～24小时。

2. 滤干玉米，把它们放进高压锅或者其他大锅里。

3. 加入8杯/（2升）水，然后加入熟石灰或者过筛的木灰，如果有火炉，可以从里面收集木灰。一定要用没有经过

① 所罗门·H·凯兹，M·L·海格，L·A·瓦洛伊：《新世界的传统玉米处理技法》，《科学》，1974（184）。

② 苏菲·D·科尔：《美国原始饮食》，德州大学出版社，1994，14页。

处理的原木灰，不要用胶合板、刨花板，其他用胶粘合在一起的木头和经过压力处理的木材的灰。注意要把灰先过筛，要避免有大的结块。

4. 把混合物煮沸。压力锅大约需要1小时，普通锅可能需要3小时，不时搅拌一下。

5. 用手指拨弄一下玉米粒，如果它的皮轻易脱落，证明玉米已经煮好了，可以关火。

6. 冲洗玉米，不断揉搓，让玉米粒的外皮脱落。冲洗到水完全变清为止。

7. 可以用泼所里做汤、炖菜，或把它与辣椒同煮；也可以把玉米粒打碎，把它做成玉米饼；还可以按照下文的步骤进行发酵。另外，我会在第十一章介绍安第斯嚼玉米啤酒齐恰（Chicha），它也是用泼所里做成的。

加努赫那（切诺基酸玉米饮料）

1838年以前，切诺基人一直住在我如今居住的田纳西州，直到被迫搬去俄克拉荷马的保留地。事实上，很多切诺基人都借鉴了欧洲移民者的生活方式，而且在18世纪末期和19世纪早期建立了类似的社会。但这个策略也没能挽救他们，在西进运动里，切诺基人被迫跟其他东部部落一起西迁。

怀着对这片土地的热爱，我也敏感地注意到原住民的彻底缺失。在筹备这本书的过程里，我决心要找到一种传统的切诺基发酵食物。通过互联网，我发现了一个关于东南部吉图瓦王国（切诺基土地的名称）的网站，它上面有很多菜谱，包括这道加努赫那。[1]在发酵的前两周，这种浓稠、呈牛奶状的饮品只有微微的酸味，而这反而更突显了玉米的甜味。但是数周以后，它产生了一种类似奶酪的强烈味道。肖特山隐修会的一个成员巴菲形容这种味道是"墨西哥奶酪馅饼加水打成泥的味道"。但这道饮料里并不含奶酪，它的味道完全是玉米发酵形成的。如果加努赫那的味道变得越来越强烈，已经没法被当成饮料了，也可以用它做我下文介绍的玉米面包和玉米粥泼伦塔(Polenta)，当然也可以用它炖菜、做汤甚至面包等。

预计时间：1周或以上

材料（每2夸脱/2升）：

2杯/500毫升碱法烹制的玉米

水

1. 先按照前文步骤碱法烹制玉米。

2. 把玉米粒剥下来，用食物处理机打碎。

3. 把玉米放入10杯/2.5毫升水里，煮一个小时，要经常搅拌，防止烧焦，直到玉米粒变得软烂，锅里的液体变黏稠。

① 详见www.members.tripod.com/sekituwanation/index/recipes.html。

4. 把液体倒入瓶子里，放在温暖的地方，时不时去搅拌一下。它一开始是甜的，然后会慢慢变酸。我找到的食谱里说："除非天气非常热，否则这种饮料可以存放很长时间。人们经常用这道饮料来招待朋友。"可以选择直接喝，也可以把没煮化的玉米粒过滤出来，只喝液体部分。发酵过的玉米粒可以用在酸玉米面包或是我下文介绍的玉米粥上。

酸玉米面包

这种酸玉米面包是历史融合的产物，它使用的是上文里的加努赫那，结合了切诺基人烹饪玉米的传统方法和欧洲移民的做法，是一种很美味的酸味主食。

预计时间： 大约40分钟

材料（每1个直径9～10英寸/23～25厘米的玉米面包）：

1¼杯/310毫升玉米粉

¾杯/185毫升全麦面粉

2茶匙/10毫升泡打粉

1茶匙/5毫升盐

1颗鸡蛋（可选）

3汤匙/45毫升蔬菜油或是融化的黄油

2汤匙/30毫升蜂蜜

¾杯/185毫升加努赫那（液体）

半杯/250毫升开菲尔或乳酪

1杯/250毫升加努赫努里的玉米粒

3～4根葱，切碎

做法：

1. 预热烤箱到220摄氏度。把铸铁平底锅放入烤箱一并加热。

2. 把玉米粉、面粉、泡打粉和盐筛入一个碗里，然后充分搅拌。

3. 再拿一个碗，把鸡蛋打散（如果用的话），加入油、黄油、蜂蜜、加努赫那和开菲尔或乳酪，然后搅拌至完全融合。

4. 把液体材料加入干粉碗里，搅拌成浓稠的面糊。加入玉米粒和葱碎，混合均匀。

5. 加热的平底锅从烤箱里拿出来，刷上油，把面糊倒进锅里，再送回烤箱中。

6. 烘烤25～30分钟。用叉子戳入面包的中心，如果拔出来后叉子仍然是干净的，就证明玉米面包做好了。

跨文化的泼伦塔

我做的泼伦塔结合了经典意大利玉米布丁、碱法烹制玉米泼所里、加努赫那和开菲尔的做法，并且加入了熟成意大利帕玛森奶酪。

预计时间： 1.5小时

材料（每6～8人份）：

1杯/250毫升碱法烹制的泼所里

1杯/250毫升加努赫那里的玉米粒

1杯/250毫升泼伦塔（这里指干燥的粗磨玉米碎）

1杯/250毫升加努赫那

半杯/125毫升白葡萄酒

1～2茶匙/5～10毫升盐

6～8瓣蒜，剥皮后大略切碎

1杯/250毫升开菲尔或酸奶

1杯/250毫升里科塔奶酪

¼杯即60毫升帕玛森奶酪碎

3～4杯/¾～1升番茄酱（最好是用新鲜香料、大蒜和酒自制的）

做法：

1. 烧开2杯/（500毫升）水。

2. 加入碱法烹制的全壳玉米。

3. 15分钟后，加入加努赫那的玉米粒。把火关小，并不停搅拌，直到重新煮沸。

4. 混合泼伦塔、未加热的加努赫那液体和酒，搅拌成泥状，然后加入锅里。加入盐并持续搅拌10～15分钟，直至浓稠。同时，把烤箱预热到175摄氏度。

5. 关火，把大蒜、酸奶或开菲尔、里科塔奶酪和一半的帕玛森奶酪放进锅里。

6. 把锅里的泼伦塔倒进烤盘中，再倒上番茄酱，并撒上余下的帕玛森奶酪。

7. 烘烤20～30分钟即可。

玉米的基因工程

如今，玉米这种古老的作物已经成了粮食基因工程的重点对象之一。玉米被改良得更加耐受化学物质，以方便种植者给玉米喷杀虫剂。为了顺应全球化的发展，很多其他作物也被基因改造了，最著名的就是大豆。基因改良过的小麦也即将上市。生产转基因作物的大公司取代了过去用自然方式辛勤耕作的农民，在全球赚的盆满钵满，并加剧了文化同质化。

基因工程师们坚持说自己不过是选育优秀的品种进行改良。但是选择性育种需要某些得天独厚的自然条件，而且要经历几代才能稳定下来，而基因工程师们凭空创造出全新的品种，让完全不同的品种进行杂交，这会产生无法预测的结果。

玉米本身就是大自然选择性育种的结果，它的祖先是大刍草。如今，这种墨西哥土生土长的古老植物正在受到“基因污染”的威胁。它们已经沾染了转基因玉米的DNA，前途未卜。《纽约时报》写道：“如果某个外来基因非常强大，那么携带这些基因的植物就慢慢成为种群里的主流。在这种情况下，不携带该外来基因的植物会逐渐灭绝，植物多样性和基因的多样性都会遭到破坏。”[①]植物界经历了百万年形成的生物多样性正在被这些实验室创造的生命所摧毁。而基因工程师、农业化学工程师和政府的野心远不止于此。“我们正在见证食物极权主义的形成。”万达娜·什瓦在《被偷走的收成：劫持全球食品供应》里说，“在这种极权下，几个大公司控制了整个食品供应链，并摧毁了余下的供应者，因此人们没有途径获得多样、安全、生态友好的食物了。”[②]

我不知道这种基因污染的来源是什么。转基因玉米甚至没有获批在墨西哥种植，但它却被作为食物从美国进口到墨西哥。一旦这些改良过的基因去到那里，它们就无法被控制或者召回了。很多年前，转基因的“星链”玉米在美国只被允许作为动物饲料，但某个公司却用它制作了玉米片，造成了大规模食品召回事件。我订购种子的商家特意声明：“费德科不会故意出售基因改良过的种子。”但是声明里又补充道：“要注意‘故意’这个词。由于我们无法控制基因污染，所以我们不能确保百

① 卡罗尔·凯苏·约恩：《墨西哥的基因污染玉米》，《纽约时报》，2001-10-2。

② 万达娜·什瓦：《被偷走的收成：劫持全球食品供应》，南方出版社，2000，17页。

分之百做到承诺……请原谅我们的咬文嚼字，毕竟如今大家都生活在基因改造的世界里。”[①]

面对现实，了解一切。为了你的健康和未来的生物多样性行动起来。绿色和平有个专门的网站列出了使用转基因原料的产品和品牌，你也可以在另一个激进环保组织www.truefoodnow.org的网站上找到相关信息。其他分享有用信息的网站还有转基因食品警世钟（www.gefoodalert.org）和有机消费者协会（www.organicconsumers.org）。

粥

再没有食物比粥更适合叫醒你的消化道并开启新的一天了。在很多地区，粥都是最常见的早餐食物。我的味噌制作导师疯狂猫头鹰博士喜欢制作传统的中式粥。他会把全壳谷物放在不锈钢水瓶里用开水浸泡过夜，佐以各种辛香料。中式粥很容易制作。最近，我们社区的一个同伴布菲正在进行“每天早上一碗粥”的挑战，我也跟着他沾光不少。大多数早晨，你都能听到他亲手磨谷物的声音。他会把多种粗磨的谷物碎放在铸铁平底锅上烘烤一下，然后按照1∶5的比例放进水里焖煮15分钟，它们就成黏稠又美味的粥了。

发酵能让谷物粥别具风味。只是浸泡12～24小时就能让粥

---

① 斐德克种子2002年购买目录。

更顺滑、更容易消化，而味道又不会有任何改变。专业发酵食谱《营养传统》的作者萨莉·法伦就在书中大力强调了浸泡谷物的重要性："很多营养学家都会善意的提醒人们，我们的祖先在食用谷物时不会去壳，也不会给大米抛光，但实际上这会误导很多人，并造成危害性的后果。因为我们的祖先并不会按照现代食谱书里的做法吃全壳谷物，他们不会吃快速发酵面包、速食麦片和其他快手炖菜。我们的祖先和工业化时代以前的绝大多数人，都会先浸泡或发酵谷物，再把它们做成粥、面包、蛋糕等。"[①]她的说法也在保罗·皮奇佛德的《全食疗法》里得到了印证。这本书里提到，大多数谷物的外壳都含有一种名叫植酸的化合物，它会影响人体对矿物质的消化吸收，通过浸泡来发酵谷物能够中和植酸，并让谷物更有营养。[②]只需要把谷物在冷天里浸泡24小时或是在热天里浸泡8～12小时即可，这不会对它的味道有任何影响。

当然，有时候你可能希望改变粥的味道。不是每个人都喜欢淡而无味的谷物粥的。那么你的谷物发酵时间越长，粥的味道就会越酸，这都要感谢无处不在的乳酸杆菌。

奥吉（非洲小米粥）

---

① 萨莉·法伦，玛丽·G·伊尼格：《营养传统：挑战政治上正确的营养和饮食的食谱（第二版）》，新潮流出版社，1999，452页。

② 保罗·皮奇佛德：《全食疗养》，北亚特兰大出版社，1993，184页。

浓郁、黏稠的粥是非洲人的主食之一。你在非洲随处都能见到正在捽打谷物和木薯的妇女，很多非洲菜肴都以粥作为核心元素。根据美国国家食品和农业联合会的说法："非洲人从谷物里摄取的热量高达全部摄入热量的77%，而且谷物为人们提供了大部分的膳食蛋白……非洲绝大多数传统谷物食品都要经过自然发酵的过程。发酵谷物不仅是成人的主食，也被作为重要的婴儿辅食。"①

小米粥在西非被叫作奥吉，在东非被叫作优吉（Uji）。非洲的粥一般都非常浓稠，甚至可以用手把它们捏出形状，人们经常用它搭配酱汁丰富的炖菜。我早餐很喜欢吃奥吉，我会把它做成咸味的，加入黄油、大蒜、开菲尔、盐和胡椒。

预计时间：非常随意，24小时~1周都可以

材料（每8人份）：

2杯/500毫升小米

水

海盐

做法：

1. 把小米粗略研磨一下。

2. 把小米放在4杯/（1升）水里浸泡24小时~1周，浸

---

① 联合国粮食及农业组织：《发酵谷物：全球视角》，《农业服务简报》，1999（138）。

泡时间越长，它的味道越酸。我一般会多泡一些，然后在1周里慢慢地把它吃掉，感受它的味道变化。

3. 准备煮粥时，先煮1.5/杯（125毫升）水，加上一撮盐。

4. 把发酵的小米搅拌到水米均匀的程度，然后放2/3杯（169毫升）到锅里，这就是一人份的粥。把火关小并不停地搅拌防止粥烧焦，煮上几分钟，等到粥比较浓稠后就可以关火了。如果你觉得它过稠了，可以加一点水进去。

燕麦粥

燕麦粥是典型的慰藉食物。它软绵绵、糊状的口感瞬间就把我们拉回了婴儿时期，那时被一勺一勺送进我们口里的东西好像都是这种口感。伊丽莎白·梅耶-伦施劳森在人类学期刊《食物与加工方法》里说，在早期的现代欧洲，粥通常都要经过发酵，并且会被作为“酸汤”食用。[①]经过发酵的燕麦不仅更加营养丰富和容易消化，口感也会更加顺滑。

如果你想吃到最新鲜、最有营养的燕麦粥，你应该在做粥之前再把燕麦粒粗粗磨碎，不过机器压制也完全是可以的。

预计时间：24小时

① 伊丽莎白·梅耶-伦施劳森：《粥：谷物、营养和被遗忘的食物处理技巧》，《食物与加工方法》，1991（5），95-120页。

材料（每3～4人份）：

1杯/250毫升燕麦

5杯/1.25升水

海盐

做法：

1. 把燕麦粒粗略磨碎。

2. 将燕麦放入2杯（500毫升）水里浸泡24小时，注意加盖以防止苍蝇和灰尘进入。

3. 在锅里倒入3杯（750毫升）水，加一小撮盐，煮沸。转小火后，加入浸泡过的燕麦和碗里残留的水，搅拌至燕麦将大部分水吸收，整个过程大约10分钟。持续搅拌，否则燕麦粥很容易烧焦。

4. 享用燕麦粥吧！可以按自己喜好把它做成咸的或甜的，无论如何，你都会被它的顺滑征服！

甘酒

甘酒是一种甜甜的日式布丁或饮品，在我看来，它的发酵过程可以说非常神奇。短短几小时内，平淡的米饭就在霉菌的作用下变得甜蜜可口。它让我了解到，光是谷物本身就能变得非常甘甜，而无须添加任何甜味剂。制作甘酒的霉菌跟味噌一样，都是米曲霉，正是它迅速把淀粉分解成糖的。米曲霉是最常见的曲之一，粮食本身就会带有一点米曲霉孢子。

传统的甘酒是由甜糯米制成的，它本身并不是很甜，但麸质含量很高，因此煮熟后非常黏。不过，也可以用任何其他谷物制作甘酒。我很喜欢小米做成的甘酒。

预计时间：不到24小时

工具：

1加仑/4升的广口瓶

能够把广口瓶放进去的恒温箱

材料（每1加仑/4升）

2杯/500毫升甜糯米（或任何其他谷物）

2杯/500毫升曲

水

做法：

1. 把糯米放进6杯/（1.5升）水里焖熟。如果有高压锅，我推荐你使用它。

2. 同时，在恒温箱和广口瓶里都注满热水，把它们预热一下。

3. 米饭煮熟后，打开锅盖，用铲子翻动一下，让热气散发出来。但也不要让米饭太凉。曲能够耐受最高60摄氏度的温度。如果没有温度计，可以用手指试一下，如果觉得仍然有点烫但手指能坚持一小会儿的话，就可以了。

4. 加入曲，搅拌均匀。

5. 把米饭和曲的混合物倒进广口瓶里，把盖子拧紧，然后把瓶子放进恒温箱里。如果恒温箱比瓶子大很多，你可以在余下的空间里注满热水（烫手但可以触碰的程度），以维持足够的热度。把恒温箱放在温暖的地方。

6. 8～12小时后，检查一下甘酒。在60摄氏度下，它会在8～12小时内做好，但在32摄氏度左右，它需要20～24小时。等到甘酒非常甜的时候，就做好了。不理想的话可以再给它加热一下：把恒温箱里的水倒出来，加入新的热水；如果你的恒温箱太小，就直接把热水倒在广口瓶周围。然后让它再发酵几个小时。

7. 等甘酒达到理想的甜度，可以把它略微煮一下，以停止发酵。如果让甘酒继续发酵，它会变成浊酒（也就是做日本清酒的第一步，一种度数很高的米酒）。注意不要把甘酒烧开了。我的做法是先在锅里煮大约2杯/（500毫升）水，然后缓缓加入甘酒，不停搅动防止它糊底。

8. 此时的甘酒非常浓稠、甜糯，可以直接把它当成布丁食用。也可以加入更多水，然后把它放进食物处理机里打成浆。无论热吃还是冷吃，甘酒都非常美味。

9. 纯甘酒有独特的甜味，但也可以给它调味。在甘酒里加一点肉豆蔻粉（甚至还能放一点朗姆酒），就能把它变成蛋奶酒的替代品。我还加过香草精、姜末、烤杏仁片和浓缩咖啡。用它做烘焙时的甜味剂也不错。

甘酒能在冰箱里冷藏数周。

甘酒椰奶布丁

这是一道以甘酒为原料的美味布丁。它的甜度完全来自甘酒和椰奶，不需要添加任何额外的甜味剂。

预计时间： 3小时

材料（每6~8人份）：

1罐椰奶

1杯/250毫升米露（或豆奶）

2汤匙/30毫升葛根粉

1茶匙/5毫升绿豆蔻粉

1夸脱/1升甘酒

1杯/250毫升干椰子碎

1茶匙/5毫升香草精

盐

做法：

1. 椰奶和半杯米露倒进锅里，煮沸。

2. 在剩下的半杯米露里加入葛根粉和绿豆蔻粉并搅拌。等到葛根粉完全溶解后，再把它们倒进锅里。

3. 等到液体开始沸腾时，加入甘酒，转小火，不时搅拌一下，大约10分钟后，布丁液会沸腾并且变得浓稠。

4. 同时，在平底锅中用小火把椰子碎翻炒至颜色变深。

5. 把一半椰子碎和香草精倒进锅里，搅拌。

6. 关火后把布丁倒进一个碗或者面包桶里。

7. 把剩下的椰子碎洒在布丁表面，让它降至室温，然后再放进冰箱冷藏。

格瓦斯

格瓦斯是食物回收的伟大产物。它是利用面包重新发酵而成的。托尔斯泰笔下的安娜 · 卡列尼娜喜欢在豪宅里喝美酒，但是在她窗外的田野里，农奴们正在喝格瓦斯。格瓦斯至今仍旧流行于俄罗斯的城市和乡村里，在纽约的俄罗斯人聚居区也能找到它。

格瓦斯富含营养而且非常提神。我的食谱做出来的是相当酸的格瓦斯，因为我想象它是旧时代农奴的饮品，他们可能没机会加糖。格瓦斯里含有少量酒精和大量的乳酸杆菌，口感醇厚顺滑，甚至有些黏稠。我觉得它很好喝，但不少人都认为它太酸了。我在布鲁克林的布莱顿海滩买到的格瓦斯要甜的多，而且气泡很足，就像加了糖的苏打水一样。

预计时间： 3～5天

材料（每1/2加仑/2升）：

1.5磅/750克面包（它的传统做法是使用俄国黑面包，但任何其他面包都是可以的）

3汤匙/45毫升干薄荷碎

一颗柠檬，榨汁

¼杯/60毫升糖或蜂蜜

¼茶匙/1毫升海盐

¼杯/60毫升酸面团引子（或是1小包酵母）

少许葡萄干

做法：

1. 把面包切成小块，在150摄氏度的烤箱里烘烤20分钟左右，直至干燥。

2. 把面包块放进坛子或广口瓶里，加入薄荷碎、柠檬汁和12杯（3升）开水。搅拌，加盖，再放置8小时以上。

3. 把水滤出，尽可能把所有的水都挤出来。面包会储蓄一些水分，所以最后做出来的饮料量会比你的原料少一些。

4. 水里加入糖或者蜂蜜、盐和酸面团引子/酵母。搅拌均匀，加盖，让它发酵2～3天。

5. 把格瓦斯倒进1夸脱（升）的瓶子里，至少留出1/4的空间。在每个瓶子里放几粒葡萄干，然后盖上盖子。把瓶子在室温下放1～2天，直到葡萄干都浮在瓶子顶部，就可以喝格瓦斯了。它能够在冰箱里冷藏数周。

俄罗斯冻汤（用格瓦斯做汤底的汤）

这是一道非常清新的冷汤，俄国人喜欢在夏天喝这个。它里面不仅有格瓦斯，还有腌菜水或者酸菜汁，所以它是一道充满了活微生物的汤！我这个食谱改良自莱斯利·张柏伦《俄罗斯美食与烹饪》一书里的方子。

预计时间： 2小时

材料（每4~6人份）:

2个马铃薯

1根胡萝卜

1个芜菁

½磅/250毫升蘑菇

3颗鸡蛋（可选）

4根葱

1个苹果

1根黄瓜

1夸脱/1升格瓦斯

半杯/125毫升腌菜水或酸菜汁

2茶匙/10毫升山葵泥

1汤匙/15毫升新鲜或干的莳萝

1汤匙/15毫升新鲜欧芹

盐和胡椒

做法：

1. 把马铃薯、胡萝卜、芜菁、蘑菇和其他应季蔬菜切成小块，然后蒸或煮10分钟至变软。

2. 如果想放鸡蛋，就另烧一锅水把它们连壳煮熟。

3. 把葱、苹果和黄瓜切碎。

4. 把格瓦斯、腌菜水、酸菜汁、山葵泥、莳萝、欧芹和蔬菜混合起来，充分搅拌后放进冰箱冷藏1个小时以上。

5. 将鸡蛋剥皮，并切成块。

6. 准备食用时，再把鸡蛋、适量盐和胡椒放进汤里。还可以在碗里放一些冰块，并配上开菲尔、酸奶或酸奶油。

回春水

我朋友马特·戴福乐让我爱上了回春水，它是一种营养丰富又提神的饮料，而且是谷物发芽过程中的副产品。马特对于发酵食物非常狂热。这也是不得已而为之，因为他感染了念珠球菌，而活性的发酵食品能帮他保持体内微生物的平衡，抑制念珠球菌过度生长。在生食达人安·威格摩尔的推广下，回春水已经流行起来了。实际上它的做法非常简单。

材料（每2夸脱/2升回春水）：

4杯/1升任意全壳谷物

水

做法：

1. 按照166页的步骤，把谷物放进1加仑的瓶子里生芽。

2. 2天以后，等谷物开始发芽了，就把它们最后冲洗一下，然后在瓶子里装满水。

3. 在瓶口蒙一块布，防止苍蝇和灰尘进入，并在室温下发酵2天左右。

4. 2天以后，回春水就做好了。把瓶子里的水倒出来，可以直接饮用，可以在冰箱里冷藏后再喝。

5. 可以用同一批谷物做出第二份回春水。只要把装着谷物的瓶子重新注满水，再发酵24小时就可以了。有人甚至还会再做第三份，但我觉得第三份回春水对我来说“太重口味”了。至于长出来的芽，可以用它们堆肥。

康普茶

康普茶（Kombucha）其实不是谷物发酵品，所以它有点不符合本章的主旨，但是它又不适合放在本书其他章节里。跟格瓦斯和回春水一样，康普茶是一种酸味的健康饮料，而且它也在俄罗斯非常流行，经常被称为“格瓦斯茶”。康普茶是用加了糖的红茶和一种特殊的酵母制成的，它也被叫作“红茶菌”，是一种凝胶状的细菌和酵母菌落。红茶菌能发酵红茶，而且可以自我繁殖，就像开菲尔珠一样。

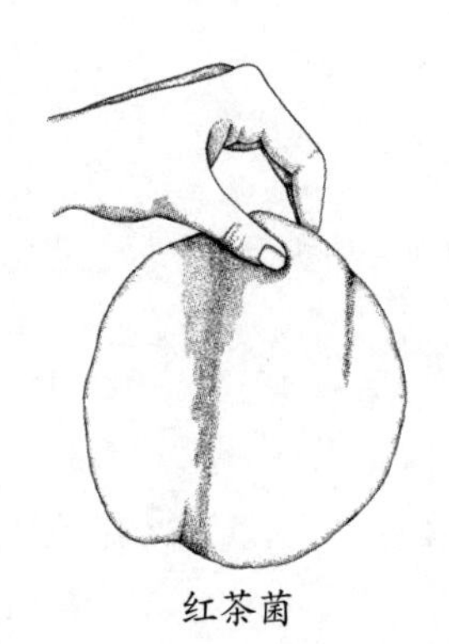
红茶菌

据说康普茶起源于中国，而且不同时期曾经在不同地区流行过。跟其他发酵食品一样，它也有益于健康，而且在20世纪90年代中期，曾经作为一种健康饮料在美国备受追捧。对于慢性病患者来说，任何有可能的治疗方式都很具吸引力。我的朋友施普雷就对康普茶很着迷。他总是把多出来的红茶菌分给大家，鼓励每个人都去试一试。我们这儿几乎每个人都很喜欢康普茶酸甜的味道。人们还会大胆地往里面加入各种各样的甜味物质，让红茶菌尽情发酵。我还记得我朋友布莱特·拉夫曾经用他最喜欢的饮料激浪做过康普茶。康普茶的发酵特别灵活多变。

做康普茶的难点就在于找到红茶菌。你可以去本地的健康食品商店问一下，也可以在www.kombu.de上买到红茶菌，这是一个由全世界康普茶爱好者组成的网站，大家都在上面交换自己的红茶菌，只需要出个运费就可以了。

预计时间：大约7～10天

材料（每1夸脱/1升）：

1夸脱/1升水

¼杯/60毫升糖

1汤匙/15毫升红茶或2个茶包

半杯/125毫升成熟红茶菌

做法:

1. 把加了糖的水煮开。

2. 关火后放入茶包，加盖焖15分钟。

3. 滤除茶叶，把茶水倒进一个玻璃容器里，冷却到室温。红茶菌需要平面空间来繁殖，所以最好用一个直径大于深度的容器。

4. 如果需要保存红茶菌，就把它放在这样的液体里。或者说可以保存一小部分茶，用来存放多余的红茶菌。

5. 待红茶冷却到室温后，加入红茶菌，白色较硬的一面朝上。

6. 把容器用布蒙起来，放在一个温暖的地方（21～29摄氏度为佳）。

7. 几天或者一周后，会发现康普茶的表面形成了一层“皮”，尝一下液体，它可能仍然比较甜。等待的时间越久，它的味道就越酸。

8. 等它达到了你喜欢的酸度，就可以把康普茶倒出来，再做下一瓶了。现在，你有两个红茶菌了，一个是你开始用的，一个是新长出来的。可以用任何一个开始你下一瓶康普茶，然后把多余的送给朋友。每个红茶菌都会再生出一个新的红茶菌，而原本的红茶菌还会继续变厚。

第十章

酒类发酵（包括蜂蜜酒、苹果西打和姜酒）

酒精绝对是最古老、最广为流传和最著名的发酵品。可以说几乎在全世界任何一个角落你都能找到发酵的酒精饮料，但是在20世纪的时候，很多考古学家宣称在“未开化”民族里找不到发酵饮料的影子。[①]这根本不是真的。

至今，人们仍然普遍认为美洲原住民是在欧洲人登陆以后才接触到酒精饮料的。虽说每个部落和宗教的操作方法不同，但美洲原住民绝对是非常喜欢发酵饮品的。在欧洲人到来以前，美洲人喝的酒精饮料是蒸馏酒，它比发酵酒要强烈和危险的多。

殖民者制定了很多规则，包括禁止原住民自制传统的发酵

① 玛格罗恩·涂尚特－萨迈特：《食物史》，安西亚·贝尔译，布莱克威尔出版社，1992，36页。

饮品，这也进一步给我们了解原住民的发酵历史造成了困难。很多传统的发酵方法都随着流离失所的原住民消亡和被遗忘了。但仍有很多古代酒精发酵法流传了下来，证明发酵酒的确是广泛存在于全世界的。

我最初想要发酵啤酒和葡萄酒时，打算跟着书本学习。但是我发现大部分书上介绍的方法都非常复杂，令人深受打击。我尤其不喜欢的一点是，很多书本都强调要进行化学杀菌，并主张杀死水果表皮上的野生酵母菌，从而保证某种特定的商业酵母菌能顺利繁殖。这种做法触犯了我的自然发酵理念。

我知道，制作简单、快速又美味的发酵酒是存在的。我去非洲旅行的时候，在很多当地的酿酒坊确认了这一点。我们经过的村庄几乎都有几样发酵酒值得一提，其中就有棕榈酒、木薯酒和小米啤酒。这些酒都没经过长时间储存，也没有装瓶。它们在很“年轻”时就被喝掉了，而且当地人一般会直接从葫芦或是其他大坛子里倒酒喝。

为什么明明有这么简单的发酵方法，我在家里书本上找到的内容却如此复杂呢？大概是因为欧洲人的葡萄酒和啤酒已经变成了相当精致的产品，强调酵母的纯度，不能容忍野生有机物，绝不会留下浑浊的酵母残渣，而且会密封进瓶子里长期熟成。我不否认这种方式下确实有很多优秀的产品诞生。但我从非洲之旅学到的是，世界上还有很多更加接地气的酿酒法。

以下我介绍的酿酒法里既有技术含量很低的自然发酵法，

也有更加传统的做法。本章介绍的是普通酒类发酵，即所有非谷物的发酵酒（基于谷物的啤酒是第十一章的内容）。我本人的酿酒法非常简单。作为补充，我也会介绍很多朋友的酿酒法。虽然这些方法各不相同，但酿出的酒都是很好喝的。你可以大胆尝试一下，找到最适合自己的做法。

烈酒

酒精发酵不需要什么特殊设备和材料。我首先介绍的是烈酒制法。我的方子来自朗·坎贝尔，他曾在伊利诺伊监狱服刑18年。他在监狱里的绰号是“巴托&詹姆斯”（一个酒柜品牌名），因为他特别擅长制酒。以下是他的原话：

首先，我们得派两三个人去食堂里弄点水果鸡尾酒或者是桃子。这个是给“踢球者”（Kicker）用的。[①]“踢球者”会在户外坐一两天，收集空气里的酵母。（要想根除酵母是不可能的！自然发酵无处不在）我们会把酵母混入6打唐老鸭牌橙汁里，每打加1磅糖。有些人说我放的糖太多了，但从没有人抱怨过我酿出来的酒太甜。

我们把这些果汁倒进55加仑的塑料袋子里，每个袋子外面还得再套一个袋子，防止它的味道跑出来。然后把这些袋子放

① 为了让原料们尽快发酵成美酒，囚犯们会把包裹成毛球的酒袋子反复翻滚，甚至当球踢，因此负责发酵Pruno的囚犯狱一般被称为“发动机”（Moto）和“踢球者”（Kicker）。——译者注

在温暖的地方，等上3天，要是发现袋子鼓起来了，就把里面的压力释放一下。可不能让它爆炸！余下的时间就是等待了。夜里要起床放气，大家轮流干这个。这酒太珍贵了，不能浪费一点一滴！3天以后，或者是等到酒不再冒泡了，就把里面的水果滤出来。我们两三小时就给袋子排一次气，所以如果它酿好了我们总能很快发现的。要想知道酒味够不够浓，就会沾一丁点儿放在嘴唇上抿一下，看看能不能尝到酒精。

这可是个冒险的事儿，因为它显然是违规的，要是被抓到了，就得关禁闭。多年以后，如果你被发现的时候做的酒不超过5加仑，那就不算什么大事，但现在不管数量多少你都得上法庭。我只被抓到过1次，那是1997年，我只差几个星期就能出狱了。我在禁闭室里待了1个月，然后就回家了。我最后一袋酒是跟其他关禁闭的兄弟一块儿做的。花了好几天，把早餐的果汁、糖、果冻和水果偷偷攒下来，最后做了3加仑酒。还有些犯人会用番茄酱或者是番茄沙司，但我更喜欢水果。这是我的个人偏好，但它确实有用！

自发苹果西打

我知道的最简单的发酵酒就是硬苹果西打。如果你想做更硬、更精确的苹果西打，参见223页的“苹果西打需要两个”。

预计时间： 大约1周

材料（每1加仑/4升）：

1加仑/4升新鲜苹果汁（要确保它们不含防腐剂，因为防腐剂会抑制微生物生长）。

做法：

1.把苹果汁敞口放在室温下，用一块布盖住瓶口，防止苍蝇进入，但同时也能让空气里的酵母进去。

2.数天以后，品尝一下，然后就频繁地去尝一尝。根据我自己当时的笔记，3天以后它“冒泡了，有点酒味，很甜”；5天以后它“没有甜味了，还在冒泡，但也不完全是酸的”；1周以后，它“又干又硬”；又过了1天“有点开始变酸了”。这就是家庭自酿酒，非常简单。

大酒瓶和空气开关

有一个简单的方法来防止果汁在发酵过程里变成醋，用一个窄口细脖的大酒瓶（类似办公室饮水机上的水桶）加上一个空气开关就可以了。酒瓶的细颈能对空气起到“限流”作用，防止瓶里的液体接触到空气里的酿醋微生物。如果用1加仑的容器发酵，那用玻璃果汁瓶就能实现一样的效果了。

大瓶和果汁瓶

空气开关能阻止空气进入酿酒容器里，但同时又可确保发酵过程里产生的二氧化碳及时散发出来。空气开关设计各异，但它们都是用水阻止空气进入桶里的。如果发酵时间比较长，一定要定期检查一下空气开关，因为空气开关里的水会蒸发，让开关失效，要在必要的时候补充一点水进去。在大多数酿酒和啤酒供应商那里，都能买到空气开关，当然也可以网购，大概也就1美金吧。

如果没有空气开关，用气球或者避孕套把瓶口套住也是个好主意。它会阻止空气进入瓶子里，而且有足够的弹性空间容纳发酵里产生的二氧化碳。但要偶尔人工释放一下气球里的压力，否则它可能会爆炸或是飞走。

酒精发酵往往是从“开放式发酵”开始的，即不需要扭上瓶盖。在发酵的初期，气泡最为活跃的时候，酿酒酵母会占据主导地位，而其他微生物都无法跟它竞争。但是等到泡沫退去，酿醋酵母等其他微生物就会夺取主动权。开放式发酵能做出非常好喝的酒精饮料，可是要尽快把它们喝完，否则它就会慢慢变成醋了。而那些需要常年发酵的酒精饮料都是放在加了空气开关的容器里“密闭发酵”的。

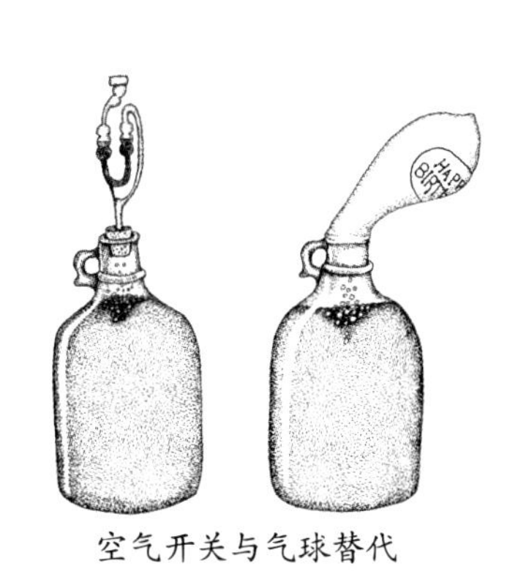

空气开关与气球替代

泰吉（埃塞俄比亚蜂蜜酒）：多种味道

我在本书第41页介绍过泰吉的做法。那基本上就是我酿酒的基本流程，但是我一般会给它添加一些额外的风味，用空气开关将其酿至干爽的程度，并继续熟成。我最初是在一本叫《埃塞俄比亚特色美食》的书里学会做泰吉的，作者是丹尼尔·乔特·梅斯芬。根据这些基本的比例和步骤，我做了很多好喝的埃塞俄比亚风格蜂蜜酒。泰吉是蜂蜜酒的一种变体，是最古老的发酵饮品之一。不过欧洲等蜂蜜酒一般需要酿好几年，而人们一般在发酵数周后就把泰吉喝掉。泰吉也可以被封存进瓶子里继续长期发酵。详情见下文的"熟成美酒：虹吸和装瓶"部分。

在传统做法里，泰吉需要一种叫沙棘叶的植物，它也叫木酒花。我从没在美国见过这种植物，所以我的酒里没有任何苦味材料，但结果仍然很不错。

李子或莓果泰吉：在1加仑蜂蜜水里放入至少1加仑有机李子或莓果。它们会很快开始冒泡。5天～1周后把水果滤出来，然后把酒倒进一个干净的1加仑（4升）瓶子里，并按照纯泰吉的步骤继续制作。也可以使用任何你喜欢的水果。

柠檬香草泰吉：取新鲜或干柠檬油、柠檬马鞭草、柠檬百里香、香茅和柠檬罗勒各少许，放进1加仑（4升）蜂蜜水里浸泡1周，期间不时去搅拌一下。1周后把香草过滤出来，然后把酒倒进干净的瓶子里，再按照纯泰吉的做法继续操作。可以选择用任何你喜欢的香草。

咖啡香蕉泰吉：这种味道的酒可不常见。先把蜂蜜水放进瓶子里，等它开始冒泡以后，就加入半杯（125毫升）粗磨咖啡豆和4根去皮、切片的香蕉。不时去搅拌一下，5天以后，把固体过滤出来，把酒倒进干净的瓶子里。再按照纯泰吉的步骤继续操作。

熟成美酒：虹吸和装瓶

只需数周，泰吉就会酒香四溢了，但是跟任何其他酒一样，也可以让它发酵数年。需要长时间酿制的酒必须用瓶子封存。在装瓶前，如果发现酒体的冒泡程度变弱了，就得用虹吸法将它从原本的酿酒桶转移到新的容器里，把酒渣留在原先的容器里。这个过程叫“倒罐”。虹吸的方式能让酒类尽快完成发酵，并且能去掉酒里的杂质，以免它们破坏酒的味道。

现代人在审美上更偏好清澈的酒体。商业酒精饮料采用了各种奇怪的净化剂，例如蛋白、牛奶酪蛋白、明胶、鱼胶和鲟鱼的膀胱提取物（你可能了解不到这些，因为酒类跟其他食物不一样，它们没有被强制要求在标签上写明这些成分）。[①]我个人其实很喜欢酵母渣和酒渣里丰富的维生素（尤其是维生素B）。

① 资源来自素食组织的网站www.vrg.org。

但我不是说不鼓励“倒罐”。清澈的酒确实更漂亮，味道也更精致。你还可以把酵母的沉淀物用来做沙拉酱或者煮汤。

在酿酒设备商店里买到的虹吸工具，一般由塑料软管和几英尺长的硬塑料管组成。要把硬塑料管伸进大酒瓶里，放在酒渣上方的某个位置，它比软管要容易控制得多。如果没有硬塑料管，用软管也是可以的。

在虹吸之前，先把你的大酒瓶放在桌子上静置几个小时，让杂质沉淀下来。把另一个干净的发酵容器放在较低的位置。为了让酒在重力作用下顺利流出，要保证这个干净的容器低于原酒瓶的底部。记得在附近放一个玻璃杯，这样就能顺便尝一尝酒了。准备就绪以后，取下大酒瓶的空气开关，然后把硬塑料管下部放进大酒瓶里。它应该深入酒中，但又跟沉淀物有一定距离。

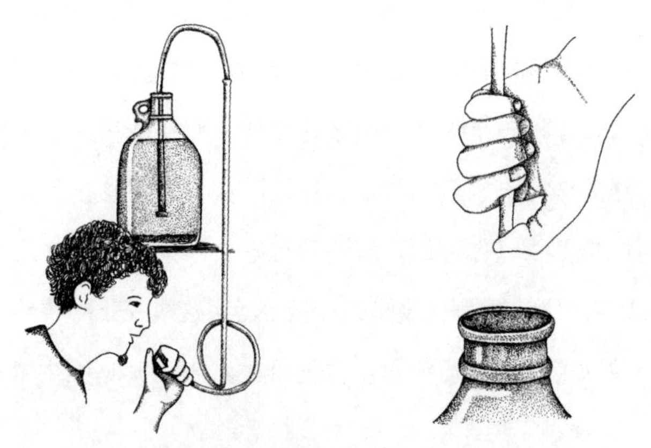

虹吸：1. 用嘴吸；2. 用手指堵住虹吸管

扶着虹吸管（或者让另一个人扶着它），让它能始终固定在这个高度。先用嘴吸它的另一头，直到喝到酒为止。然后用干净的手指把这一端放进另一个干净的酒瓶里，放开手指，让酒灌进去。

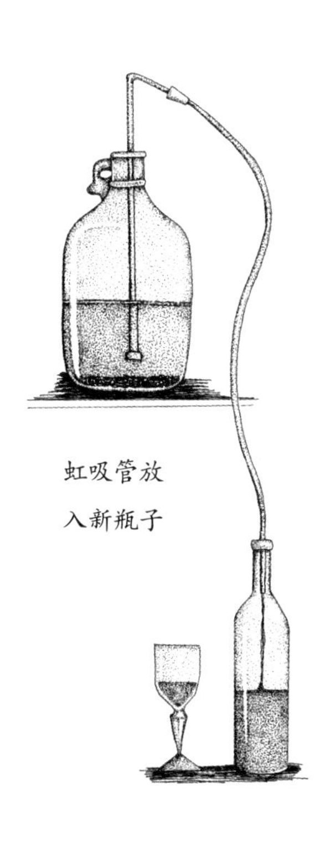

虹吸管放入新瓶子

给新的容器安上空气开关，让酒继续发酵。一般来说，酒在发酵6个月～1年后就需要装瓶了。如果在发酵完成以前就装瓶，酒可能会把酒瓶的软木塞顶开。就算你已经好几个星期没有在酒里面看见气泡了，发酵仍然会在肉眼不可见的地方继续缓慢进行几个月。

在发酵的同时，把从外面买到的酒瓶子攒下来（要有软木塞的瓶子，不要有瓶盖的），也可以去当地的回收站找一找。准备装瓶前，用肥皂和热水把这些酒瓶子彻底洗干净，如果有必要，用软刷把内部的沉积物刷干净。一定要冲干净，你也不想喝到有肥皂水的酒吧。一般

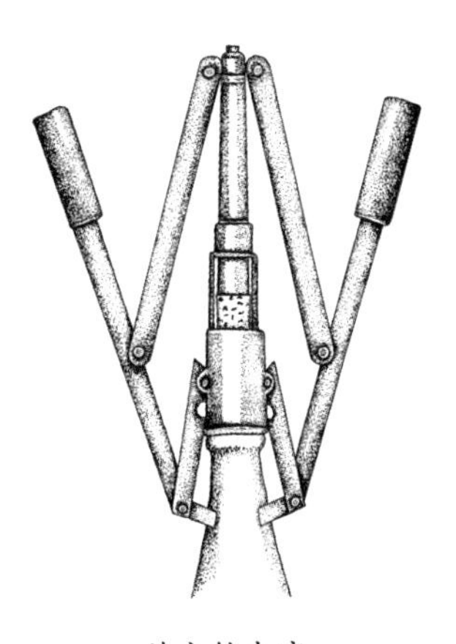

放上软木塞

来说，把瓶子刷干净就足够了，但也有一些特别细致的酿酒师会把瓶子口朝下放在一个大锅里，加盖蒸10分钟。

把大酒瓶放在桌子上，干净的酒瓶放在附近的地板上或者其他较低的位置，用虹吸管把酒灌进瓶子里（不要完全灌满，留出离瓶口大约2英寸的空间）。每灌完一瓶，把罐子折一下，防止酒漏出来，再换下一个瓶子。等到液体的水平面快降到沉积物以下了，就停止装瓶。

将酒装瓶以后，还要给瓶子加上软木塞。地中海地区传统的木塞是直接用树木制成的，但也有些酿酒师偏爱合成的软木塞。这两种软木塞都能在酿酒设备商店里找到。

软木塞比瓶口要略粗一些，所以需要借助工具把它们推进瓶子里。这样的工具有很多，而且大部分只要5美元左右。先把木塞蒸几分钟，消毒并使它们软化。

熟成能软化酒的硬度。把酒保存在阴凉避光的地方（例如地窖里）。如果使用的是传统木塞，需要先让瓶子保持直立一个周左右，等木塞逐渐膨胀并把瓶子完全塞紧后，再将瓶身侧过来存放，这样一来，酒体就能够接触到瓶塞，让它保持湿润，并且不会萎缩。如果使用的是合成瓶塞，则不需要进行这些步骤。记得要给酒打上标签，以便区分。

乡村酒

酒的英文单词Wine自于“Vine”（藤蔓）一词，因为传统的酒类多是用葡萄发酵的，但也可以用任何甜味的材料发酵酒。乡村酒就是用各种甜味水果茶、蔬菜和花制成的。

我住在一个很偏远的地方，这里的人都热衷于用简单的方式实验酿酒，因此我也得以接触到不少特别棒的乡村酒。我朋友斯蒂芬和珊娜做过番茄酒，虽然没什么番茄味，但是非常好喝。他们还做过哈拉皮诺辣椒酒，辛辣的味道让人难忘。只要你能想得到，任何东西都可以酿酒。举个简单的例子，光是从我们地窖出产的酒就有无数种。在过去几年里，我们肖特山社区出产过的果酒包括蓝莓酒、黑莓蓝莓酒、桑葚酒、樱桃酒、草莓酒、苹果西打、梅子酒、麝香葡萄酒、柿子酒、接骨木果酒、漆树酒、“神秘水果酒”、洛神花草莓酒、桃子酒、野生葡萄酒、梨子酒和香蕉酒。然后我们还做过很多花草酒：黄花菜酒、蒲公英酒、梅花酒、延龄草酒、牵牛花酒、丁香花酒蜂蜜酒、紫锥菊酒，刺荨麻酒，艾蒿酒，野樱桃树皮酒、啤酒花-甘菊-缬草-猫薄荷-高粱酒和大蒜-茴香-姜酒。还有很多蔬菜酒和跨类别的酒：马铃薯酒、甜菜蜂蜜酒、甜洋葱酒（这是一种需要煮的酒）、紫荆-橙子-李子酒，还有西瓜甘菊酒。为了了解更多知识，我还去拜访了IDA社区的酒窖，他们的产品更是五花八门：胡萝卜酒、酸樱桃酒、梨子香槟、苹果梨子香槟、杏仁酒、接骨木花酒、杏酒、哈密瓜酒、薄荷蜂蜜酒和玉米酒。你可以把能想象到的任何食材放进酒里。

做乡村酒的基本方法就是发酵水果、花或是蔬菜的甜汁。可以采取很多方法来实现这一点，有些人会把蔬菜和水果放进水里煮一下，有些人会把它浸泡在开水里。我朋友赫克特·布莱克有30多年的酿酒经验，他有一个芬兰产的3层“蒸果汁机”，它能把蓝莓等水果蒸熟，然后把蒸汽变成无菌的果汁，用来酿酒。

不同酿酒师在发酵前的混合物原液里放的甜味剂的量也不一样。相比甜型酒，我个人更偏好干型酒。在某个点之前，额外的甜味剂能够提高酒精度。但超过那个点，过多的糖只会让酒更甜。酒精发酵时有个有趣的矛盾之处，就是发酵产生酒精，但随着酒精度提高，酵母的生存会越来越艰难，并最终死亡。不同菌种能够承受的酒精度是不一样的，例如香槟酵母就是一种酒精耐受度较高的菌种。

另外，每个酿酒师使用的甜味剂类型也不同。我一般会使用蜂蜜，而不是蔗糖，主要是因为我觉得它不需要进口或是精细的机械加工，好像更自然一些。如果想多了解一些蜂蜜的知识，我推荐读斯蒂芬·哈罗德·班纳的《神圣的草本啤酒》。他提出，古代的蜂蜜发酵里不止包含蜂蜜，还有其他相关物质和在蜂巢里发现的生物（蜂花粉、蜂胶、蜂王浆，甚至是充满毒液的愤怒的蜜蜂）。他还介绍了每一种蜂产品对健康的好处。但用糖酿酒也有其巨大的优势，首先它比任何其他甜味剂都便宜，其次它的味道和颜色都是中性的，因为它不会影响花和莓果的颜色或味道。而蜂蜜对酒的颜色和味道的影响则比较大。当然了，每种甜味剂都会给酒精发酵带来独特的味道和影响。

接骨木果酒

我朋友希尔文是个技术高超的酿酒师，他已经在我们社区住了10年了。每年他都会用接骨木果酿酒。这是本地产量最大的水果，一到8月份，它就会像杂草一样漫山遍野地疯长，结出结实的果实。你可以借鉴他的做法，并把接骨木果换成任何其他水果。

接骨木

预计时间：1年或以上

材料（每5加仑/20升酒）:

至少3加仑接骨木果

水

1包市售酒精酵母或香槟酵母

10～12磅/5～6千克糖

做法:

1. 摘果子，每摘好一部分果子就把它们放进干净的水里，好的果实会沉下去，而叶子、昆虫和过熟的浆果会浮在水面上，把它们捞出来扔掉。然后把干净的果子放进5加仑容量的桶或者坛子里。重复以上步骤，直至得到至少3加仑莓子。用希尔文的话说，“果子越多，味道越浓”。

2. 煮开3加仑（12升）水，把它们浇在莓子上，保证莓子在水面以下。用一块布把桶盖住，放置过夜让它凉透。

3. 第二天早晨，舀出1杯水，把1包酵母放进去溶化，然后放置几分钟，直到水面开始活跃冒泡。把酵母水倒进桶里，用一个木勺子搅拌一下，再把桶盖上。

4. 发酵2～3天，时不时搅拌一下，至少每天3～5次。此时还不需要加糖。“等酵母把水果里的糖全部吃掉以后，你才需要加糖。”希尔文解释说。在此期间，水面可能会出现一点泡泡，但远不如放了糖以后多。

5. 两三天以后，把糖放进去。先把10磅/5千克糖放进锅里，再放入足够的水让它们溶化，缓慢加热，不停搅拌，直到形成透明的糖稀。关火后把锅盖起来，等糖稀凉了以后就把它倒进接骨木果里。

6. 加盖发酵3～5天，经常搅拌。

7. 等到水面的冒泡速度慢下来了，就用过滤器把酒水倒进一个5加仑的细口大酒瓶里。它可能无法充满整个酒瓶。把接骨木果放在另一个容器里，然后倒水覆盖过它们。在水里把果子捣碎，再次过滤，把滤出的液体倒进大酒瓶里。你应该把大酒瓶差不多装满，但又不能太慢，让水面到瓶口之间留出几英寸的空间。插上空气开关。

8. 第一个月里，把大酒瓶放在室温下。先把它放在一个大盆或者平底锅里，让瓶子里溢出来的泡沫直接流进盆里。如果瓶子里的酒确实溢出来了，就暂时把空气开关取下来，把它和瓶口都刷干净。发酵活动会逐渐慢下来的。

9. 测一下含糖量。希尔文有个特别的办法：他会把空气开关拿下来，撒2勺（30毫升）糖在酒的表面。糖在下沉的过程里如果没有跟酵母发生剧烈反应，就证明酒的含糖量是刚好的。如果它们发生了剧烈反应，你就需要再加1杯（250毫升）糖进去，过几天以后再进行同样的测试。注意每次只能添加1杯（250毫升）糖，最终也不要添加超过4杯（1升）。

10. 2个月以后，把酒用虹吸管转移到另一个干净的大酒瓶里，把沉积物留在原先的瓶子里。给新的瓶子加上空气开关，并把它转移到一个阴凉避光的地方。让它继续发酵9个月以上。定期检查空气开关，确保水分没有完全蒸发，必要时补充一些水进去。

11. 9个月以后，装瓶享用。

花朵酒

“用花制成的酒保留了花的香气和华多利的有益成分。它还会让你想起那些阳光明媚的日子，一个人或是跟朋友一起去森林里、牧场中或是山坡上摘野花，一摘就是几个小时，直到闭上眼睛眼前浮现的也是密密麻麻的小花。”我朋友美罗·哈里斯在《陷入困境：如何用花朵酿酒》一文里写道，这篇文章刊登在30年前的《先生杂志》上。

蒲公英酒是最经典的花酒之一，这些鲜艳的小黄花随处可见。蒲公英不仅漂亮，而且有益肝脏。还有很多花也能酿出芬芳又美丽的酒，例如玫瑰花、接骨木花、紫罗兰、红色三叶草花和金针花等。

“从收集花朵开始，”美罗写道，“这可能是酿酒过程里最让人快乐的部分了。”一般来说，每做1加仑酒大概需要1加仑花。如果没办法一次性摘到这么多花，可以先把摘下来的冷冻在冰箱里，直到攒够了需要的数量再取出来使用。注意，要去那些没喷过农药的地方摘花，也就是说最好不要摘路边的花。

预计时间：1年或以上

材料（每1加仑/4升）：

1加仑/4升全开的花朵

2磅/1千克（4杯/1升）糖

2颗柠檬（有机的，因为需要用皮）

2颗橙子（有机的，因为需要用皮）

1磅/500克葡萄干（最好是金黄葡萄干，因为它不会破坏蒲公英淡淡的色泽）

水

半杯/125毫升莓果（用于自然发酵）或是1包酿酒酵母

做法：

1. 尽可能把花瓣从底座上摘下来，因为蒲公英花的底部比较苦。

2. 先留下半杯/（125毫升）花备用。把剩下的花放进坛子里，加入糖、果汁、柠檬皮和橙子皮，然后加入葡萄干

（引入一些单宁）。把1加仑/（4升）水烧开浇在材料上，搅拌至糖全部溶解。用一块布把坛子蒙起来，在室温下放凉。

3. 待混合物放凉后，把剩余的花瓣和莓果加进去进行自然发酵（也可以直接使用市售酵母，从坛子里舀一杯水出来，把酵母放进去，等到剧烈冒泡了再倒回坛中）。盖上坛子等待3~4天，期间不时搅拌一下。

4. 用滤布把固体过滤出来，然后把花瓣里的液体挤出来。再把液体倒进一个大酒瓶里，加上空气开关，发酵3个月，直到发酵活动变弱。

5. 用虹吸管把酒转移到一个干净的容器里，继续发酵6个月以上。

6. 把酒装进瓶子里，密封后继续等待3个月即可。

姜香槟

有很多乡村酒都能被做成起泡酒。1988年，离千年虫来临还有一年多的时候，我和一起盖房子的朋友奈托做了5加仑姜香槟。当时关于电脑崩溃的谣言四起，很多人都觉得世界末日要来了，有100多人住进了我们的隐修所避难。于是我们就为新年庆典制作了这个“千年虫”香槟，它干爽、气泡丰富。幸运的是，奈托把酒的材料和步骤就记录在我们的厨房日记里了，他还帮我完善了我下面要介绍给你的方子。

起泡酒使用的是一种特殊酵母——香槟酵母，它的酒精耐受度比较高。等所有的糖都转化为酒精以后，就可以装进瓶子了。瓶子里要再放一点糖，让它继续在瓶中发酵，让二氧化碳留在瓶子里形成气泡。由于内部要进行如此剧烈的活动，香槟一般被装在很厚重的瓶子里。还要使用特殊的软木塞，它叫“香槟塞”，然后用“香槟线”加固它。

预计时间：1年

材料（每5加仑/20升香槟）：

0.5到2磅新鲜生姜

12磅/6千克糖

5个柠檬榨汁

1汤匙/15毫升香草精

1包香槟酵母

做法：

1. 把生姜刨成细屑，放进锅里，加入糖和5加仑/（20升）水。加盖煮沸，然后焖1个小时，不时拌一下。

2. 1小时后关火。放入柠檬汁和香草精。加盖防止苍蝇进入，在室温下放凉。

3. 等到锅里的混合物降至体温左右，滤1杯液体出来，并放入1包酵母。把剩下的液体滤到大酒瓶里。等到酵母水开始激烈冒泡了，就把它加进大酒瓶了，插上空气开关。在室温下发酵2~3个月。

4. 两三个月以后，发酵活动会变慢，把酒用虹吸管转移到一个干净的大酒瓶里，撇下酵母沉淀物。在新的大酒瓶里补充一些凉开水，填充多出来的空间。再插回空气开关，发酵6个月。

5. 9个月以后，香槟就能装瓶了。香槟要用比较厚重的瓶子来承受内部压力。在每瓶里额外加一点糖，激活酵母。比例是1夸脱酒里加1茶匙（5毫升）糖。奈托还喜欢往每个瓶子里撒3～5粒酵母，防止原来的酵母已经死掉。

6. 用软木塞塞住香槟瓶，香槟线加固软木塞，然后继续等待1个月就可以饮用了。香槟可以储存数年，在任何需要庆祝的时候打开它。

7. 打开香槟之前不要摇晃瓶子，否则香槟会喷得到处都是。

苹果西打需要两个

我的编辑本·沃森是《西打，爽口又甜蜜》一书的作者。他原本觉得我先前介绍的自发苹果西打不符合苹果西打的标准。“硬苹果西打至少需要6个月以上的发酵时间，才能变得干爽。”他在我的草稿上标注道。我很喜欢又硬又干的苹果西打，所以我也在这里介绍一下本的苹果西打方子——“苹果西打101”。[①]

---

① 本·沃森：《西打，爽口又甜蜜》，乡村人出版社，1999，89页。

硬苹果西打曾是新英格兰地区最受欢迎的饮品。欧洲移民们以苹果西打作为主要的酒精饮料。1767年，马萨诸塞州的人均苹果西打消耗量是35加仑。[①]苹果西打随着美国社会的城市化逐渐被人们忘却了，但是如今它又回到了大众的视野里。

下面的做法酿出来的是杆状、无泡的传统农家苹果西打。

预计时间：6个月以上

材料（每1加仑/4升）：

1加仑/4升苹果汁（没有防腐剂）

做法：

1. 在容器里倒入苹果汁，留下十分之一的空间。用塑料盖子把容器盖起来，但无须扭紧。把它放在阴凉的地方，避免阳光直射。

2. 数天以后，苹果西打上会出现丰富的气泡，甚至会溢出来。取下塑料盖子，让苹果西打继续发酵。每天都擦一下容器边缘，清除残渣。

3. 发酵活动变弱以后，把容器的边缘和瓶颈处尽可能擦干净。容器里加入新鲜的苹果汁，仅在瓶口处留下约2英寸高的空间。给容器插上空气开关。

4. 让苹果西打继续缓慢发酵1～2个月，直到液体逐渐

---

① 本·沃森：《西打，爽口又甜蜜》，乡村人出版社，1999，25页。

变清澈。此时，瓶底会有很多沉淀物。

5. 用虹吸管把苹果酒转移到另一个干净的容器里，插上空气开关。让苹果西打继续熟成1～2个月。

6. 离最初的制作过去4、5个月以后，苹果西打应该已经完全发酵至干爽，或基本上发酵完成，这时候你就可以装瓶了。如果继续等待1～2个月再喝，它的味道还会进一步改善。

柿子苹果蜂蜜酒

用蜂蜜发酵的苹果西打一般被叫作“西瑟”（Cyser）。我用自己喜欢的水果柿子制作了西瑟。我以前特别喜欢吃亚洲的大柿子，但搬到田纳西州以后，爱上了当地特产的小柿子。从9月～12月，我每天都会去柿子树下看看有没有能吃的柿子。这对我来说已经成了一种仪式，就像瑜伽一样，它从没令我失望过。柿子甜甜的味道会让我的脑海里出现非常有冲击力的画面，仿佛看见柿子浓缩的能量渗透进了我的身体。我在治疗中学到一件事，仔细想象某个画面，就会提高它发生的可能性。喜欢柿子的人似乎不多，大多数时候，树下只有我、鹿和山羊们。

有时候我能在地上找到好多柿子，根本吃不完。有一年秋天，我捡到好多柿子，便用它们做了西瑟。生柿子有一种特别可怕的涩味，熟过头开始发酵的也有一种怪味，所以我建议先把每个柿子尝一下！我下文介绍的这个方子其实可复制性不高，但可以参考一下。

预计时间：数周~数月

材料（每1加仑/4升）：

2杯/500毫升蜂蜜

半加仑/2升水

半加仑/2升新鲜苹果汁（不含防腐剂的）

4杯/1升以上熟柿子

做法：

1. 把蜂蜜、水和苹果汁倒进一个坛子里，搅拌至蜂蜜完全溶解。加入柿子。盖上盖子防止灰尘和苍蝇进入。柿子上和其他水果一样，自然携带了酵母菌，发酵会很快开始。

2. 将水果发酵5天，不时搅拌。然后把水果滤出来，液体转移到一个有空气开关的玻璃瓶里。

3. 继续发酵数周，直到冒泡速度变慢。如果天气温暖，这个过程会比较短，若天气寒冷，所需时间就更长。可以直接喝掉发酵时间尚短的柿子酒，也可以继续倒罐和装瓶，让它熟成。

酒渣汤

把酒倒罐和装瓶以后，会有不少酵母沉淀物和液体留在旧瓶子的底部。它们不大好看，所以人们一般不会把它们装瓶。但是死亡的酵母里还有丰富的维生素B。如果你用过营养酵母的话，这些沉淀物和它基本是一样的。

酒渣可以用作汤底，它的味道非常丰富。还可以用酒渣做法式洋葱汤，只需取代四分之一的液体。但注意要多煮一会儿，让酒精蒸发掉。之后就可以大吸一口酒气！

姜啤酒

这是一种加勒比风格的饮料，它使用姜做发酵引子。我是从萨莉·法伦的《营养传统》里学到这个方子的。这种“姜酵母”的原料不过是水、糖、姜末而已，几天就能做好。可以把它作为酵母放进任何酒精发酵物里，还可以用它做酸面团。

姜啤酒是一种软饮料，它只是发酵到刚好能产生二氧化碳的程度，但是不含酒精。如果姜味比较淡，小朋友也会很喜欢它。

预计时间： 2～3周

材料（每1加仑/4升）：

3英寸/8厘米生姜

2杯/500毫升糖

2个柠檬

水

做法：

1. 先做“姜酵母”。在1杯（250毫升）水里加入2茶匙（10毫升）姜末（连皮）和2茶匙（10毫升）糖。充分搅拌，放在温暖的地方，用奶酪布把容器盖起来，防止飞虫进入并保证空气流通。接下来每天或每两天继续添加进同样数量的姜末和糖，直到液体开始冒泡，这可能会花2天到1周。

2. 等到“姜酵母”变得活跃以后，就随时可以开始做姜啤酒了。烧开2夸脱（2升）水，加入大约2英寸（5厘米）生姜碎和1.5杯（375毫升）水。煮15分钟后关火。

3. 等到姜糖水冷却后，把姜过滤出来，加入柠檬汁和姜酵母。加入足够的水，足够制作1加仑啤酒。

4. 把姜啤酒装进有螺旋盖的瓶子里，可以把喝完的苏打水瓶子收集起来，也可以收集一些啤酒瓶和果汁瓶子。把它们放在温暖的地方，发酵2周左右。

5. 冷藏后打开饮用。在打开姜啤酒之前，最好先准备一个玻璃杯，不然它里面大量的二氧化碳气体会让啤酒喷得到处都是。

其他软饮料配方

参见第七章的“用乳清发酵：红薯糖水”和第十二章的“果汁甜酒”和“生姜醋味糖蜜”。

延伸阅读

1. 斯蒂芬·克雷斯维尔：《自制根汁汽水、苏打水和含气饮料》，楼层书籍，1998。

2. 特里 · 加里：《家庭酿酒的乐趣》，雅万图书，1996。
3. 帕梅拉 · 斯潘塞：《为蜂蜜酒疯狂：神之甘露》，利韦林出版社，1997。
4. 帕蒂 · 巴尔加斯，李奇 · 古尔：《酿制野生葡萄酒和蜂蜜酒：使用草药、水果、鲜花等食材的125种不寻常食谱》，楼层书籍，1999。
5. 本 · 沃森：《西打，爽口又甜蜜》，乡村人出版社，1999。

第十一章

啤　酒

德国人至今仍坚持用源于1516年的巴伐利亚啤酒纯酿法，它只允许啤酒里含有四种成分：水、大麦、啤酒花和酵母。我很喜欢用这种配方酿制的啤酒，但世界上还有很多其他类型的啤酒，它们里面的成分五花八门。啤酒跟其他发酵酒最大的区别在于它是用谷物发酵而成的。人们不只用大麦酿啤酒，还用小麦、玉米、大米、小米和其他谷物。如今我们吃到的每种谷物都和啤酒有些渊源。

谷物和蜂蜜水和果汁不一样，它们不会自己发酵产生酒精。因此啤酒的酿制比其他酒类更复杂。必需先把谷物里的淀粉转化成糖，才能让它在发酵里产生大量酒精。

这个步骤叫制造麦芽（Malting)，也就是让谷物发芽。谷物在发芽时会释放出淀粉酶，它能把淀粉分解成糖，而酵母菌会吃掉这些糖并产生酒精。本书166页介绍了让谷物生芽的方法。我会介绍一些用全壳谷物发酵而成的啤酒，因为我喜欢从食材最原始的状态开始处理。不过据我所知，大多数家庭酿酒师不会自己给谷物生芽。使用市售的发芽谷物和麦芽提取物酿酒更简单方便，而且仍能做出味道丰富又独特的啤酒。

有两种方式可以把淀粉转化成糖。一个是利用霉菌的活动。例如日本甘酒就是用长了曲霉菌的米饭发酵而成的。若往正在发酵的甘酒里加入酵母，就能酿出清酒。尼泊尔的啤酒羌酒，就使用了一种叫马尔查的霉菌把米饭里的淀粉转化成糖。亚洲人会用各种真菌饼发酵谷物，把淀粉转化成糖。

另一种方法就是使用唾液，因为唾液里含有淀粉酶。可能你已经注意到了，如果在嘴里长时间咀嚼淀粉含量较高的食物，就会渐渐变甜。消化是从嘴巴开始的，你的身体可不会浪费任何把食物分解成易吸收的营养成分的机会。咀嚼谷物再吐出来是一道古老的啤酒制作工序。我们正是如此制作下一样发酵品——奇恰的。

奇恰（安第斯咀嚼玉米啤酒）

奇恰（Chicha）是安第斯地区一种非常古老的传统饮品，至今仍流行于秘鲁、玻利维亚和厄瓜多尔。它有一种淡淡的玉米味。印加人热爱奇恰，他们相信它是“人跟神之间的纽

嚼过的玉米

带”。[①]国家地理杂志最近的一篇文章里说，奇恰甚至早于印加文明出现，而且它在瓦里帝国的仪式里扮演着重要角色。瓦里帝国比印加文明还要古老，它是1000多年前存在今天秘鲁一带的国家。瓦里国王举办盛大的宴会，用装在精美陶瓷器皿里的奇恰招待众人，随后这些酒壶就会被烂醉的人们砸碎。历史学家们相信，瓦里曾迁移了整个村庄，命令人们种植玉米。“瓦里帝国需要大量的玉米用于帝国庆典，因为正是这些庆典把整个国家的人联结在一起。”[②]

奇恰制作流程里的一个步骤就是咀嚼玉米，然给它浸泡在充满唾液酶的口水里。在后面的步骤里我们会把发酵物煮熟，杀死唾液里细菌。嚼过的玉米叫木科（Muko）。传统的木科是由一群人制作的，老人和孩子们会围坐成一个圈，一边讲故事一边嚼玉米。

根据我读到的奇恰方子，上述两个步骤要求使用玉米面粉，你得把它跟水混合，然后揉成一个面团。可这个面团一进入嘴里就会吸光所有唾液，根本嚼不动。我发现了一个更好的方法，而且我猜测这才是最传统的做法，就是舀一勺全壳的泼所里

---

① 基斯·斯坦克劳斯等：《本土发酵食物手册》，马塞尔·戴克乐公司，1983。
② 弗吉尼亚·莫泰尔：《横跨安第斯的帝国》，《国家地理》，2002（201）。

（碱法烹饪过的玉米粒）放进嘴里咀嚼。碱法烹制很容易操作，我前面介绍过它。

我介绍的方子用莓果激活发酵过程，这样做出来的奇恰叫莓果酒。我用的是黑莓，它能把浅黄色的玉米汁变成三文鱼色的饮料。

预计时间：大约2周

材料（每1加仑/4升）：

4杯/1升碱法烹制的玉米（见181页）

1杯/250毫升波伦塔或格里兹玉米粥

水

半杯/125毫升有机莓果

做法：

1. 制作木科：叫上几个朋友一起来嚼玉米。每次挖一勺湿润的碱法烹制玉米粒到嘴里，轻轻咀嚼，把它放在你的舌头和上颚之间，让它跟唾液交融，变成一个玉米球。然后把玉米球吐出来。我发现人们在操作这一步时最大的问题在于把玉米弄得太湿了，致使它们分散在口腔各处无法成团。所以这个方子里要求的玉米数量比你实际需要的会多一些，因为难免会在嚼玉米的时候吞下去一点。

2. 在太阳下或者微热的烤箱里烘干木科。烘干以后，它会变得稳定和易储存。也可以每次只咀嚼一部分，然后存起来，直到攒够了需要的量再一并使用。

3. 把木科、泼伦塔或格里兹玉米粥和5杯（1.25升）水倒进锅里。加入玉米粥的原因是，木科里酶的含量很高，足够把额外的玉米淀粉转化成糖。把混合物加热到68摄氏度，因为这个温度下唾液酶是最活跃的。把木科球弄碎，然后让这个温度保持20分钟。

4. 关火，盖上锅盖放上几个小时，直到玉米粥凉下来。

5. 把固体过滤出来，将剩下的液体继续煮1个小时，然后放凉。

6. 等液体降至体温左右后，将它倒进一个坛子里，加入莓类开始发酵。充分搅拌一下再把坛子盖起来，防止苍蝇进入。随后几天仍要时不时搅拌一下。

7. 4～5天后，把水果过滤出来，奇恰倒进一个大酒瓶里，等待1周～10天，待发酵活动变缓后，就可以直接饮用或是装瓶了。

博扎（古埃及啤酒）

大约5000年以前，古埃及人就开始饮用博扎（Bouza）了。但如今这个传统正在消失，这个方子已经5000多岁了。我是从一篇人类学文章《公元前四千年埃及的面包与啤酒》里学到它的。①

① 杰里米·盖勒：《公元前四千年埃及的面包与啤酒》，《食物与加工方法》，1993（5），255-267页。

我朋友贾伊过去住在肯尼亚，当时他就喝博扎，我这个方子得到了他的认可。

博扎只需要2种原料，小麦和水。它的做法生动阐释了面包和啤酒之间的关系。因为把麦子做成面包正是它制作过程里的一部分，传统上人们是用半熟面包里的酵母发酵博扎的，这些面包的中心仍然是生的，酵母菌还活着。“本质上，做面包是一种很方便的储存方式，人们把酿啤酒所需要的活性物质储存在面包里。”《考古学》杂志里的一篇文章说。[①]

预计时间：1周左右

材料（每1加仑/4升啤酒）：

4杯/1升小麦粒

1杯/250毫升冒泡的酸面团引子（见151页）

水

做法：

博扎的制作由3个步骤组成：让四分之一的麦粒生芽；用剩下的麦粒做面包；最后用前2步获得的材料做博扎。前2个步骤里得到的成品是非常稳定和容易储存的，所以不需要一次性全部做完。

---

① 所罗门·H·凯兹，弗瑞兹·梅泰格：《酿造与古代啤酒》，《考古学》，1999（7/8），27页。

生芽

1. 按照166页的步骤让1杯（250毫升）麦粒生芽

2. 把发芽的麦粒放进烤箱里，用最低温度烤20～30分钟，直到它完全干燥。先把它保存在瓶子里备用。

做面包

1. 把剩下3杯（750毫升）麦粒粗略研磨一下，如果没有研磨机，可以直接使用全麦面粉。

2. 加入1杯（250毫升）冒泡的酸面团引子。

3. 多次少量加入，揉成结实的面团。

4. 把面团整理成圆面包的形状，静置发酵一两天。

5. 把面包放在150摄氏度的烤箱里烘烤15分钟，烤好后它的外部已经熟了，但内部仍然是生的，留有活性的酵母菌。

酿制博扎

1. 在一个坛子或者桶里倒入1加仑（4升）水。

2. 把发芽的麦粒粗磨一下然后倒进水里。

3. 把半熟的面包掰成小块放进水里。

4. 加入少许新鲜的酸面团引子，搅拌后用一块布盖住坛子，防止苍蝇进入。

5. 发酵2天左右，然后把固体过滤出来，就可以饮用了。博扎可以在冰箱里保存1～2个星期。

羌酒（尼泊尔米啤酒）

这是一种牛奶质地的啤酒，它跟我们一般理解的啤酒非常不一样。羌酒（Chang）在尼泊尔人的生活里有重要的象征意义，它既是招待客人的饮品，又是给神的献祭品。人类学家凯瑟琳·S·马奇研究了尼泊尔高原上的塔芒和夏尔巴民族，观察到“人们献上啤酒时最朴素的愿望是，希望啤酒和酵母在繁殖、升温、冒泡时的繁荣和勃勃生机也能传到自己身上。”[①]

传统的羌酒是酵母饼发酵的，尼泊尔用的是马尔查（Marcha）酵母饼，而中国西藏的藏族人用的是叫派普（Pap）的酵母饼，这两样东西在美国都很罕见。我朋友贾斯汀·布拉德从尼泊尔带回一块马尔查，而且向我展示了如何做羌酒。我把他的方子改良了一下，使用曲和酸面团引子取代了酵母饼。

预计时间： 2天

材料（每8杯/2升羌酒）：

半杯/125毫升曲（见92页）

半杯/125毫升冒泡的酸面团引子（见151页）

4杯/1升（没有加盐的）熟米饭

做法：

1. 混合曲和酸面团引子，等待30分钟以上，让曲充分

---

① 凯特琳·S·马奇：《餐饮、女性与啤酒的效力》，《食物与加工方法》，1987（1），367页。

吸收酸面团引子里的水分。

2. 把冷却至体温的熟米饭和曲-酸面团引子混合均匀，放进瓶子里，密封。然后把瓶子放在一个温暖的地方发酵24～48小时。不时去闻一下。等到瓶子里散发出甜香和酒香时，就做好了。此时得到的是拉姆（Lum），拉姆的发酵时间越长，味道就会变得越酸。

3. 趁拉姆还是甜香的时候，把它转移到碗或者大瓶子里。倒入4杯开水，淹没拉姆。等待10～15分钟，然后把固体过滤出来。瓶子里剩下的白色乳状液体就是羌酒。再倒4杯开水到过滤出来的拉姆上，重复过滤一次，还能得到一份羌酒，但它的味道会稍淡一些。

麦芽提取物啤酒

我朋友汤姆·弗乐里是个酿啤酒狂人，他住在附近的IDA社区。这种啤酒是他6个月来做的第一桶啤酒。患了肝炎以后，他就戒酒了。现在他偶尔还是会喝一点儿，但最多一杯。为了做一款不那么伤肝的啤酒，我们开始考虑用蒲公英酿啤酒。虽说啤酒花已经成了啤酒的标配苦味剂，但也可以用很多其他植物来做啤酒。

这种啤酒颜色很深，苦味比较淡。在自酿酒设备商店里能买到很多不同的麦芽提取物。提取物类型、发酵温度、苦味剂的用量会最终决定啤酒的成色。有些自酿者想创造出自己最爱的啤酒来，就会异常严格地控制这些变量。很多酿酒书更是强调了这种精确性。“有很多专家建议人们用化学物质给每个设备消毒，要求用其他化学物质来让啤酒成品更稳定，强调专业温度控制的重要性，并且要求人们充分理解各种谷物、麦芽、啤酒花和酵母之间的细微区别。”斯蒂芬·哈罗德·班纳在《神圣的草本啤酒》一书里写道：“这往往会吓走一大堆人，也剥夺了人们酿造啤酒时的乐趣。”[①]

汤姆·弗乐里是个专业的杂耍艺人和小丑，他对酿啤酒的态度就随意和轻松得多。他的酿酒格言是“干净，而不是无菌”。他的基本酿酒指南是查理·帕帕赞恩的《家酿的全新乐趣》。我们一起酿酒时，他还给我读了书里的段落：“放松，别担心。大胆酿酒就好。担心就像还一笔你从没欠过的债一样。”[②]这是个绝佳的建议。

预计时间：3～4周

材料（每5加仑/20升酒）:

4杯/1升整颗的蒲公英（包括花、根、叶子）

4杯/1升干啤酒花

① 斯蒂芬·哈罗德·班纳：《神圣的草本啤酒》，西里斯出版社，1988，429页。

② 查理·帕帕赞恩：《家酿的全新乐趣》，雅万图书，1991，171页。

3.3磅/1.5千克烤麦芽提取物糖浆

2杯/500毫升加深麦芽提取物粉

做法：

1. 挖蒲公英。蒲公英无处不在，多见于路边、建筑物附近。它总是在默默寻找着自己的同伴。先用工具把蒲公英周围的土壤挖松，然后深入它的根部，抓住根拔起来。如果根部断裂了，要注意其渗出的汁液。这种汁液是很强力的药物。

2. 在大锅里煮开2.5加仑（10升）水，锅要够大，因为随后还要把其他材料加进去。汤姆说他做啤酒的秘密武器是IDA社区新鲜甜美的泉水。确实，水是啤酒的主要原料。很多市售啤酒都有自己的专属水源。如果有机会获得泉水的话，那么恭喜你，你很幸运。不然就时刻提醒自己，历史上也有人用变质的水做啤酒。

3. 清洗蒲公英，把它们的根刷干净，扔掉枯叶。将其切碎。

4. 水开以后，加入蒲公英、啤酒花和麦芽提取物。我们用2种不同麦芽提取物的原因很简单，6个月没开工，汤姆手头上也只有这些了。所有的麦芽糖浆和麦芽粉都能混合使用。把锅盖上，不需要太严实，然后重新把麦芽汁煮沸。它的表面会出现大量泡沫，啤酒花也会浮上来。转小火焖烧1小时。

5. 滤除固体，把买压制倒进一个干净的发酵容器里。补充一些水进去，让液体达到5加仑左右。如果用的是大酒瓶，不要一直灌到酒瓶脖子那里。在它的上部留出大约3英寸高的空间，因为啤酒在发酵初期会产生大量泡沫，如果空间不够，这些泡沫会把空气开关顶飞，到时可就麻烦了。

6. 让麦芽汁冷却到体温，加入酵母。在室温下发酵1个星期～10天。很多酿酒师都非常注重保持恒温，但是对我们来说，那是不可能实现的，家里的温度总难免有起伏。不过汤姆的啤酒从没因此出现什么问题。

啤酒装瓶

发酵结束以后，需要给啤酒装瓶。最简单的办法是收集那种瓶盖上带橡胶垫和机关的高级啤酒瓶，比如葛兰思（Grolsch）之类的牌子。也可以去回收站找一找有没有这类瓶子。还可以回收需要开瓶器的普通啤酒瓶。啤酒设备供应商店里会出售新的瓶盖和加盖设备，你可以无限次地重复使用这些瓶子。我朋友还曾把啤酒灌装在2～3升的

塑料苏打瓶里，虽说这个办法有失传统，也不太风雅，但它高效又省力。下面是启动啤酒和装瓶的步骤：

1. 清洁瓶子：5加仑的啤酒大约需要53个12盎司的瓶子（60个330毫升的瓶子）。很多书上建议用漂白剂或其他化学品给瓶子消毒，但是认识的酿酒师都只是用热水、刷子和清洁剂把瓶子彻底刷一遍而已。汤姆·弗乐里花10美元在啤酒设备商店买了一个用水龙头连接的简易高压洗瓶器。

2. 启动啤酒："启动"的意思在装瓶阶段往啤酒里加入糖，启动最后的发酵，并且将生成的二氧化碳封存在瓶子里，于是啤酒就碳酸化了。最好的办法是再取一个5加仑的容器，然后把啤酒用虹吸管灌进这个容器里。从中取出大约1杯（250毫升）啤酒，然后加入1.25杯（310毫升）麦芽糖浆和3/4杯（185毫升）玉米糖或麦芽粉。然后把混合物倒回余下的啤酒里搅拌均匀。要确保事先清洗过所有的设备。

4. 用虹吸管把啤酒装进瓶子里，加盖。

5. 让啤酒继续发酵2周以上，之后就可以饮用了。

糖化：从发芽谷物而来的啤酒

我朋友帕特里克·艾伦伍德喜欢大批量酿啤酒，而且味道棒极了。帕特里克和全家人一起住在月影，他家里有两位祖母、他的父母、妻子、哥哥和嫂子，以及他刚出生的宝宝赛吉·英迪格·艾伦伍德，三个都是植物的名字！(Sage Indigo Iron Wood，分别意为鼠尾草、木蓝、美洲铁木)，还有他的朋友、实习生和访客。基莫斯-艾伦伍德林木宅基地上还有一个环境教育中心，斯科奇山谷机构。帕特里克从15岁就开始酿啤酒了，当时他的父母送了他一套家庭自酿啤酒装备，他用这套装备为家人做了第一桶啤酒。

20年以后，帕特里克还在做啤酒。他一般会用30加仑的桶装啤酒，然后把酒保存在小桶里，这比装瓶要省事得多。我享受了他的啤酒好多年，最近协助他酿了一桶酒。我会先按照做5加仑酒的步骤介绍他的方法，然后再介绍他在酿30加仑啤酒时需要做哪些工作。

在糖化的过程里，需要一个准确的温度计。糖化过程在高温下成功率比较高。发芽的谷物里含有酶，它们在不同温度下会有不同表现。在不同的温度下分别进行糖化能够让酶把淀粉转化成几种不同类型的糖，这样形成的麦芽汁发酵后会变成口味丰富又有层次的啤酒。

预计时间：3～4周

材料（每5加仑/20升）：

2磅/1千克淡色发芽大麦

1磅/500克卡拉·慕尼黑发芽大麦

3磅/1.5千克琥珀麦芽粉

3盎司/85克切努克啤酒花粒

¾茶匙/4毫升爱尔兰苔藓

1包啤酒酵母

做法：

1. 把发芽的大麦粗略研磨一下，保留颗粒状，不要磨成粉，否则它会把你的麦芽汁变成糨糊。

2. 在大锅里把2加仑（8升）水，加热到71摄氏度。放入大麦，搅拌均匀。测试一下锅里的温度，我们需要把它保持在53摄氏度。可以通过添加冷水或是继续加热来调整。等温度达到53摄氏度后，盖上锅盖，关火，等待20分钟。

3. 20分钟后，重新把麦芽粥烧到60摄氏度，一边加热一边搅拌，防止糊底。等温度达到60摄氏度后，再次加盖，关火，等待40分钟。20分钟后检查一下锅里的情况，如果它的温度下降太多，就重新加热一下。

4. 40分钟后，把麦芽粥加热到71摄氏度，这次等待1个小时。每20分钟检查一下，若温度下降太多，就重新加热升温。

5. 1小时后，再次开火，边搅拌边把麦芽粥加热到77摄氏度。

6. 同时，煮开大约1加仑水。

7. 等麦芽粥升温至77摄氏度后，取一个大容器，放上纱布，然后把麦芽粥倒进去过滤出固体，不停挤压，尽量把所有的液体都挤出来。谷物渣上浇几杯热水，把其中的甜味逼出来，这个程序叫“出糖”。再次挤压，然后重复一遍该步骤，直至所有的麦芽汁都被榨取出来了。剩余的谷物残渣可以用来喂鸡或是堆肥。

8. 把麦芽汁倒回锅里煮沸，加入麦芽提取物然后搅拌。一定要不停地搅拌，因为麦芽汁非常容易烧煳。等它再次沸腾后，加入一半啤酒花。煮45分钟，不停搅拌。

9. 45分钟后，加入爱尔兰苔藓，它能让啤酒变得澄澈。5分钟后，放入剩余啤酒花的一半，再等8分钟，加入余下啤酒花。滚煮啤酒花能榨取其中的苦味，但是也会令部分芳香物质挥发。在最后一步放入啤酒花能让这些芳香物质挥发入啤酒。

10. 等麦芽汁煮了1个小时后，关火，滤除杂质，把麦芽汁倒进发酵容器里。帕特里克使用3%的过氧化氢消毒容器。如果用的是玻璃大酒瓶，要注意缓缓倒入麦芽汁，不要让瓶身摇晃。加一些水进去，形成5加仑液体。注意要在瓶口处留出几英寸的空间，因为发酵时会产生泡沫。插上空气开关，让啤酒冷却至体温。

11. 待啤酒冷却后，放入酵母，再次扭紧空气开关。发酵1周～10天，直到不再有泡泡出现。按照上文步骤启动啤酒并装瓶，或者按照下文帕特里克的装桶步骤操作。

桶装啤酒

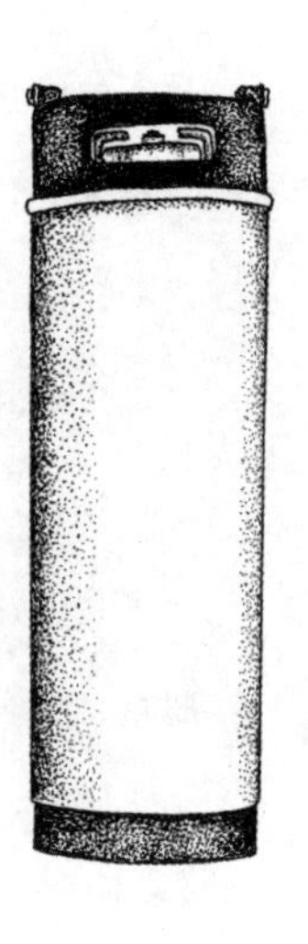

帕特里克虽然是按上文步骤酿啤酒的，不过他会一次性做30加仑（120升）啤酒。他本人并不是个酒鬼，但是他和他的社区喜欢举办大型派对。他估算自己酿酒的成本大约为每加仑酒2美元，远比市面上的啤酒便宜。他用一口15加仑（60升）的大锅酿酒，其实这是他切掉了一个桶的顶部后改造的。你也可以用任何容量有15加仑的锅操作。

帕特里克会把麦芽汁滤进一个20加仑（80升）的坛子里，如果没有这么大的坛子，也可以用多个较小的容器代替。然后他再把酒倒进那个15加仑（60升）的锅里酿制。他把啤酒分装在两个15.5加仑（62升）的桶里，他把两个桶都改造成科尼利尔斯桶（Cornelius Keg）了，这样更容易清洁（他是个能工巧匠）。他先用百洁布沾了过氧化氢擦拭桶的内壁，除掉所有的氧化物，因为它会腐蚀金属。他还会在空桶里加入碘溶液，防止细菌生长。

发酵之后，帕特里克会把啤酒用虹吸管转移到5加仑（约20升）装的桶里。过去餐厅和酒吧都用这种桶来储存苏打糖浆。但它们现在正在被一次性的纸盒子取代，很多小桶都被废弃了。我曾在网上见到有人卖这种桶，每个竟然只要12美元。帕特里克直接从这种轻便又能随身携带的小桶里倒酒，时常被里面强烈的二氧化碳气流吓一跳。二氧化碳是很有用的，如果没能一次性把一桶酒喝完，可以注入二氧化碳，它能隔绝空气，防止酒变酸。

如果你也想一次性酿这么多，可以用这种5加仑的科尼利尔斯桶发酵，但需要多准备一个桶。要先用虹吸管把发酵过的酒转移到干净的桶里，把旧桶刷干净，然后再把酒加进去。

延伸阅读

1. 戴夫·米勒:《酿造世界顶级啤酒》，楼层书籍，1992。
2. 查理·帕帕赞恩:《家庭酿酒师伙伴》，雅万图书，1994。
3. 查理·帕帕赞恩:《家酿的全新乐趣》，雅万图书，1991。

第十二章

醋

我酿醋的经验多来自失败的酿酒经验。我怀疑醋就是这么起源的，可能有人不小心让发酵中的酒接触到了空气，然后醋酸杆菌就进入了酒里，它们会吃掉酒精，把它转化成醋酸。“Vinegar”（醋）这个词来源于法语Vinaigre，就是Vin（酒）和Aigre（酸）。醋是你酿酒失败后的绝佳安慰。它是天生的防腐剂，有益健康，而且是很好的调味品。

醋的种类有很多，一般是按照所使用的酒精来划分的。葡萄酒醋是来自葡萄酒；苹果醋来自苹果酒；米醋来自米酒；麦芽醋来自麦芽饮料例如啤酒。最便宜和最常见的白醋是用谷物制成的，虽说它没什么特别的味道，也不像麦芽醋那么漂亮，但这也正是它最大的优点。

葡萄酒醋

如果你酿的酒变酸了，那它就成了醋，可以用它来炒菜或者拌沙拉。不管用家酿酒还是市售酒酿醋，都要记住醋的发酵是一个有氧过程。需要使用一个敞口瓶，让酒最大程度跟空气接触。用一块布把容器的口盖住，防止苍蝇或灰尘进入，然后避光保存，不要把它跟其他酒精发酵品放在一起。为了实现最佳效果，最好先把酒放在有空气开关的容器里彻底发酵好，再让它进入有氧发酵阶段。不要交叉使用酿酒和酿醋的设备。

我朋友赫克特·布莱克有一个蓝莓果园，蓝莓多到吃不完，他就把它们放进橡木桶做成蓝莓酒醋。他的蓝莓酒醋浓稠且果香四溢，我会一杯接一杯喝到停不下来。他会把橡木桶侧过来放在地上，让它的表面最大程度与空气接触。他用奶酪布把桶身上的洞堵住。赫克特试用一种新方法来加速酿造过程：用浴缸专用的空气泵把空气注入了醋里。因为醋酸发酵需要的是有氧微生物，这种方式能提高它们的活性。

成品醋的酸度取决于酒的度数。而酒转化成醋时间则随酒精含量、温度和空气流通性的不同而不同。一般来说，夏天这个过程大约是两周，冬天它可能需要一个月，如果时不时去搅动一下

用奶酪布堵住洞口

它，或是想办法加快空气流通，时间还能缩短一些。可以定期去尝一下醋，查看它的进程，就算不小心把它放得太久也不用担心。酸的状态很稳定，它并不容易变质。

你可能会发现，醋的表面结了一层膜，这就是“醋母”。它是酿醋微生物的集群，可以用它作为下一桶醋的引子。醋母是可食用的，而且营养丰富，所以不用害怕它。你可能还会看到这层膜下面有一些絮状的东西，这是已经死掉的醋母。把它们捞出来就好，也可以随着醋喝下去。

苹果酒醋

在第十章里，我讲了简易自发苹果西打酒的做法（见207页）。只需要把新鲜果汁放进一个玻璃瓶里，它就会在一周之内自行发酵成硬苹果西打。

如果继续把它放上一段时间，并保持里外空气流通，它就会自己变成苹果醋。可以把它转移到一个敞口的容器里，让它尽可能地与空气接触，这样能加快转化过程。

很多传统药方里都建议每天饮用一勺生的、未过滤的苹果酒醋。艾米丽·泰克在《醋之书》一书里说：“从诞生之初，人类就一直在寻找有魔力的‘青春源泉’。对我们大多数人来说，苹果酒醋可能是最接近它的东西。”[①]谢克阅读了大量科学和药学

① 艾米丽·泰克：《醋之书》，特雷斯科出版社，1996。

期刊后发现，醋能有效预防关节炎、骨质疏松症和癌症，它还能消炎，缓解瘙痒、晒伤和烧伤，促进消化，帮我们控制体重和保持记忆力。就连美国医生奉若神明的希腊医生希波克拉底也会把醋写进处方里。

墨西哥菠萝醋

菠萝醋非常酸，但特别好喝。很多墨西哥食谱里都用到了菠萝醋，不过你也可以用任何其他醋代替。这种醋只用到了菠萝啤，所以剩余的菠萝肉要自己吃掉。我这个方子是根据戴安娜·肯尼迪《墨西哥美食》里的做法改良而来的。

预计时间：3～4个星期

材料（每1夸脱/1升）：

¼杯即60毫升糖

1个菠萝，削皮（请用有机产品，因为需要用它的皮；过熟的水果也是可以的）

水

做法：

1.把糖放入1夸脱（1升）水里，搅拌至溶解。把菠萝皮粗略地切一下，然后加入水中。用布盖住容器，防止苍蝇进入，然后把它放在室温下发酵。

2.大约1个星期后，液体颜色开始变暗，把菠萝皮捞出来丢掉。

3. 继续发酵2~3周，不时去搅动一下。菠萝醋就做好了。

水果下脚料醋

同菠萝皮一样，任何水果下脚料都能酿醋。做苹果派剩下的苹果皮和果核，过熟的香蕉，或是吃剩的葡萄和莓果。酿醋是回收食物的好办法。按照每1升水加60毫升糖的比例做糖水，然后倒在水果上，再按照上文的步骤继续制作就可以了。如果喜欢的话，也可以用蜂蜜代替糖水，但花的时间就会更久一点。

果汁甜酒

果汁甜酒（Shrub）是一种很清新的软饮料。在碳酸饮料出现以前，在美国非常流行。它的传统做法是先把莓果放在醋里浸泡不超过两周，然后把莓果捞出来，加入糖或蜂蜜。

人们就会把这份原液保存起来，等到需要的时候加上水和冰块饮用。如果有水果酒醋或是苹果酒醋，那做法就更简单了。可以按照1∶3的比例把醋跟果汁混合，再加入跟果汁等量的水即可。还可以用气泡水取代水，把它做成苏打饮料。完全可以按照自己的口味调整这个比例。酸味和甜味的搭配不会出错的。

生姜醋味糖蜜

生姜醋味糖蜜（Switchel）是另一种以醋为基底的软性饮料，它使用糖蜜和生姜调味。我的方子改良自斯蒂芬·克雷斯维尔的《自制根汁汽水、苏打和含汽饮料》。

预计时间：2小时

材料（每半加仑/2升）：

半杯/125毫升苹果酒醋或其他果醋

半杯/125毫升糖

半杯/125毫升糖蜜

2英寸/5厘米新鲜生姜碎

水

做法：

1. 混合醋、糖、糖蜜、生姜和1夸脱（1升）水，煮10分钟后，捞出生姜。

2. 补充一些水或苏打水进去，做出2夸脱（2升）饮料。

3. 冷藏后饮用。

变种：我朋友做过一种补品饮料，跟这个生姜醋饮料非常接近，使用了醋、柠檬汁和糖蜜。把1汤匙（15毫升）糖蜜、2汤匙（30毫升）苹果酒醋、3汤匙（45毫升）柠檬汁加入1杯热水里即可。这是一道热饮。

辣根酱

辣根的味道特别霸道，它会从你的口腔扩散到你整个鼻腔。我记得小时候它会被放在马佐（Matzo，犹太逾越节薄饼）上。我如今仍然喜欢用它搭配马佐食用，也喜欢把它放在三明治和海苔卷里，还会用它当沙拉酱。

辣根酱的做法很简单。首先，把新鲜辣根刨成细末。可以自己动手，也可以用机器制作，但要注意这个过程里辣根会散发出非常呛鼻的气味。特别是打开食物处理机的一刹那，可能会辣到无法呼吸。在辣根末里倒入少许醋和盐，然后静置几个小时或者几个星期。

或者，也可以用少许蜂蜜水把它发酵一下。把蜂蜜水倒在辣根屑上，搅拌均匀，用一块布把容器盖住，发酵3～4个星期。在这个过程里，蜂蜜的发酵产生酒精，而酒精又会经发酵变成醋。我总忍不住幻想，那些发酵中的微生物会不会也像我一样被辣根折磨得涕泗横流。

浸泡醋

醋的酸度令它成为一种有效的溶剂和防腐剂，因此它会被用来萃取食物和草药里的味道和化学物质。这些味道和药物成分会跟醋融为一体。

根据所使用醋的不同，会得到不同味道的沙拉醋和草药醋。把喜欢的食材放进瓶子里，倒上醋，然后盖上盖子。醋会腐蚀金属，所以最好选用塑料瓶盖，或是在瓶口和盖子之间铺一层蜡纸。把醋瓶放在昏暗的地方。数周以后，把草药或是蔬菜捞出来扔掉。如果醋味道较淡，可以再加些新鲜的同种（未浸泡）的醋进去。最后把它装进漂亮的瓶子里，就是一份非常精美的礼物了。高级食品商店里美丽的浸泡醋可是价格不菲。可以把自己钟爱的任何植物泡在醋里：大蒜、百里香、龙蒿、辣椒、莓子、薄荷、罗勒、蒲公英根、树叶和花……只要你喜欢就好。

醋泡酸菜：酸豆角

醋泡香草

酸豆角

用醋泡酸菜不包含发酵过程。我在第五章讲的腌酸菜是把蔬菜泡在盐水里，然后靠蔬菜发酵过程中产生的乳酸来防腐。而醋泡酸菜只是使用了发酵食品——醋，但醋酸会抑制微生物活动。醋酸菜里不含活性菌。地球生活是个专注于有机种植和旧时代食物保存技术的法国生态教育机构，它出版了《让食物保持新鲜》一书，里面提道：“过去人们总是靠乳酸发酵酸菜，但现在出于商业目的，酸菜都是用醋泡制的，这样成品更稳定。”[1]

① 特里·维万特：《食物保鲜：旧世界技法与菜谱》，切尔西·格林出版社，1999，110页。

确实醋泡酸菜相比发酵酸菜最大的优点就是醋酸菜几乎永远不会变质，而腌制酸菜最多只能放几个月。如今的食谱书都在教人们做醋泡酸菜，所以我也会介绍一个：我爸爸做的醋泡豆角。他每个夏天都会做这种酸菜，然后家人和朋友们一年都能吃上酸豆角了。

预计时间：6个星期

设备：有螺旋盖的玻璃瓶（最好是1.5品脱/750毫升的，因为它的高度跟四季豆的长度比较接近）

材料：

四季豆

大蒜

盐（我父亲坚持用犹太盐，但海盐是完全可以的）

整根干辣椒

芹菜籽

新鲜莳萝（最好是顶部或叶子）

白醋

水

做法：

1. 先估计一下大概会用到几个瓶子，把这些瓶子刷干净然后排成一列。

2. 在每个瓶子里放入1瓣蒜、1茶匙盐、1根红辣椒、

1/4茶匙（1.5毫升）芹菜籽和1片莳萝顶部或1小把莳萝叶子。然后把豆角直立着放进瓶子里，尽可能地塞紧一点。

3. 大概需要在每个瓶子里放入1杯（250毫升）醋和1杯（250毫升）水。先把醋水煮沸，然后倒进瓶子里，在瓶子顶部留出大约½英寸（1厘米）高的空间。

4. 把瓶盖扭紧，然后把它们放进一大锅滚水里加热10分钟。等待6个星期，让各种食材的味道相互融合，然后就可以打开品尝了。加热处理过的酸菜即使不放进冰箱也能够储存数年。

油醋汁

这是一种非常经典的沙拉汁，下面我会介绍我自己的版本。这是我妈妈教会我的第一道菜，当我还是个小孩子的时候，不管什么时候家里要吃沙拉，调这种汁都是我的工作。我妈妈告诉我醋的分量应该比油多，多放一些芥末，还得加很多大蒜。沙拉汁非常容易做，我总是觉得很奇怪，为什么人们要去购买现成的沙拉汁？

预计时间：10分钟

材料（每1杯/250毫升）：

半杯/125毫升葡萄酒醋

¼即60毫升初榨橄榄油

8瓣蒜，捣烂

2汤匙/30毫升辣芥末酱

1茶匙/5毫升芥末粉

1茶匙/5毫升干百里香

1茶匙/5毫升干欧芹

半茶匙/3毫升新鲜或干的龙蒿

1汤匙/15毫升芝麻油（可选）

1汤匙/15毫升蜂蜜（可选）

2汤匙/30毫升酸奶或芝麻酱（可选）

盐和胡椒（按个人口味加入）

做法：

把以上材料全部放进一个瓶子里，加盖后摇晃均匀。我经常用芥末酱的瓶子做油醋汁，这样能顺便利用已经挖不出来的那最后一点芥末酱。如果刚好有酸菜汁或是腌汁，可以加一勺进去。我喜欢提前把沙拉汁浇在沙拉上，让它们稍微变得蔫一点。如果拌完沙拉后，发现碗里的沙拉汁太多，可以把它们倒回瓶子里，下次再用。

延伸阅读

1. 艾米丽·泰克：《醋之书》，特雷斯科出版社，1996。

第十三章

文化再生、生命周期、土壤飞离和社会变化里的发酵

发酵远远不只是一种食物处理方式。发酵呈现了微生物分解掉死亡的动植物并将其转化成植物养分的过程。正如微生物学家雅克布·李普曼1908年在《乡村生活里的细菌》一书中所写，微生物“把活的世界和死的世界联系起来。它们是伟大的清道夫，它们让碳、氮气、氢气硫黄和动植物尸体里的其他元素恢复循环。没有它们，死尸会越来越多，而活的世界会被死的世界所取代”。[1]

他所描绘的图景帮我接受了死亡和衰弱。它让我了解到，

① 雅各布·G·李普曼：《乡村生活里的细菌》，麦克米兰出版社，1908，136–137页。

物理世界的生命是一个周期性的过程，死亡是其中不可或缺的一部分。它让生命最沉重的现实变得更容易理解，更容易被接受。

也就是在过去10年里，我狂热地爱上了发酵。我常忍不住想象自己的衰弱和死亡。一个HIV测试阳性的人怎么可能不想象这些东西呢？关于这件事，没人比已故诗人奥德雷·罗德说得更好了："作为一个有意识的个体，我的时间是有限的，我知道死亡终有一天会来临。就算我不是每时每刻都在想着这件事，但频繁程度也足以影响我人生里所有的决定和行动。不管死亡是下个星期还是30年以后来临，这个念头都让我的生命有了另一重维度。它影响了我说话时的用词、我爱的方式、我的政治行动、我的视野和目的，以及我对生命的珍惜程度。"①

在我写这本书的时候，我40岁了。跟我同年龄的人都在谈论中年生活。我觉得我自己没有太大机会活到中年，更别说庆祝2042年的80岁生日了。我热爱生命，我相信世界有无限可能，但是我也得承认现实。坦白来说，再活40多年看起来根本就不可能。那些让我暂时活下来的药可能不会作用几十年。它们本身就有毒性，会消耗我的生命。虽说AIDS患者们如今活得比从前久了，但我的朋友还是在一个个死去。我已经逐渐习惯了这种想法：我身体的大限将至，我已经活在自己的后半生了。

---

① 奥德里·罗德：《癌症期刊》，安特·鲁特图书，1980，16页。

我不禁自问，这是投降吗？这是丧失了生存意愿吗？

我觉得能够与死亡和平相处是一种智慧。它终究会来的。我所能做的就是尽力体验生活，那么等到我死的时候，我就会知道、会相信自己只是即将进入生命的下一个阶段，会发酵和滋养，会变成无数其他的生命形式。我的发酵实践让我一天天更加坚定这种信仰。

熟悉死亡

我们的社会让我们时刻与死亡保持距离。我们创造了非人格化的机构来完成这种过渡。我们在害怕什么呢？当我妈妈在家里去世的时候，我很高兴自己能陪在她身边。她失去意识已经一周左右了，此前她跟宫颈癌进行了漫长的搏斗。水肿（积液）让她双腿臃肿，而积液还在悄悄往上扩散。肺部积液让她日益呼吸困难。我们全家人都聚在一起，送她最后一程。她的呼吸越来越浅，时有时无，直到她的肌肉最后收缩了一下，便结束了。我们久久地坐在她旁边，哭泣着，努力度过这个艰难的时刻。午夜来公寓为她收尸的男子站在人群中间，脸色严峻而苍白。他们把我妈妈浮肿的身体装进袋子里，放在担架上，然后抬进了电梯。为了进入电梯，他们得先把担架竖起来，我妈妈的尸体似乎像铅那么重。死亡是如此真实生动。

从那以后，我又亲历了两位朋友的死亡。一位是琳达·库比克，她死于乳腺癌。在她去世之前，我是照顾她的人之一。

我对那段时光最深刻的记忆是琳达用黏土把纱布粘到从她腋窝里凸出来的一个棒球大小的肿瘤上。癌症是个如此抽象的概念，人们总是用委婉的词语遮遮掩掩地描述它，可这个肿瘤却如此具体。

在进行家庭埋葬之前，琳达的尸体已经在她去世的床上等了24个小时。我们早上到达肖特山的时候，她已经离开了，朋友和家人们用鲜花、香、照片和布料在她身边围起一个神社。它非常美丽，似乎是生命和葬礼之间恰到好处的过渡。我们在琳达的身体旁边坐了一会儿。那是一段非常安静的时光。后来我们去附近的池塘游泳了，我从水底上来以后，看到一张蛇皮浮在水面上。此时，我深刻地意识到死亡只是生命过程的一部分，无须恐惧。

田纳西州是少数允许家庭埋葬的州之一。琳达的侄子花了一天时间为她挖掘墓地；她的一个木匠朋友为她打了一个简单的松木棺材。傍晚，她在朋友和家人们的歌声、鼓声和吟唱里进入了坟墓，永远安息。那种感觉非常美好，没有任何商业机构——墓地、殡仪馆、火葬场等参与其中，在场的都是真正关心她的人。

我陪伴过的另一位死者是罗塞尔·摩根。他是我的朋友，28岁时死于AIDS。确切来说，是他的肺部发生了卡西波肉瘤病变。他去世时，我刚好去拜访他。他已经进出医院很多次了。呼吸非常困难，于是决定回去住院。我扶着他下了台阶，进入车里，但他再也没能回家。他死去的时候，我就在他病房外面的走廊里。他身边是爱人雷奥纳德和他的家人。听到雷奥纳德号啕大哭时，我就知道他离开了。罗塞尔已经插上了输氧管，但呼吸还是越来越艰难。我还记得他扯下了输氧面罩，把它摔在地上，说："去死吧！"然后勇敢地走向了另一个未知的世界。

这些经历让我知道了自己想要什么样的死亡。我希望自己能开心、长寿，但关于死亡我也想了很多。我希望自己能有一个像琳达一样的过渡仪式。我希望临终之际朋友和家人能在身边，抚摸我冰冷的皮肤，跟我已无生命的身体说再见，让死亡不再那么神秘。然后我希望自己能回归大地，而不是被人格化的机构处理掉。如果葬礼非常盛大我会很开心；如果那太麻烦，就在地上挖个洞把我放进去就好，不要棺材，让我尽快变成肥料吧。

堆肥发生

我很喜欢观察堆肥分解的过程。那些我曾认识的生命形式，例如昨天晚上汤里洋葱的表皮，逐渐地与地球上的其他物质融为一体。我觉得这个过程本身就非常美丽和诗意。沃尔特·惠特曼也曾在堆肥里找到过灵感：

夏季的生长物都站了起来，傲慢而天真。多么神奇的变化啊！

原来风真的不会传染

……

原来一切都永远永远是清洁的，

原来那井中的清凉的饮水是那么甘甜，

原来黑莓是那么香甜而多汁，原来苹果园和橘园里的果子，

原来甜瓜、葡萄、桃子、李子，它们谁也不会把我毒害，

原来当我躺在草地上时不会感染瘟疫，

尽管每片草叶都可能是从以前的疾病媒介中滋长出来。

如今我被大地吓了一跳，它是那么平静而富有耐性，

它从这样的腐败物中长出如此美妙的东西，

它在它的轴上无害无碍地旋转着，带着这样连续不断的患病的尸体，

它从这样浓烈的恶臭中提炼出这样甘美的气味，

它以这样漠然的神态更新着年产丰富而昂贵的收成，

它给予人们以神圣的物资，而最后从它们接受这样的剩饭残羹。①

“堆肥”这个词是个广义的说法，我用它来形容厨房里成堆的下脚料，杂草和剪下来的树枝，山羊的粪堆（由它们的排泄物跟睡过的稻草混合而成），还有我们自己排到屋外的粪便，其

① 引自沃尔特·惠特曼的《草叶集》。

中混杂着厕纸、锯末和灰尘。一两年以后，它们看起来就完全一样了。它们都会在发酵过程里被微生物分解成更加简单的形式。堆肥也是个发酵过程。

关于最好的堆肥方法，很多人都有不同见解。很多园丁都相信自己的做法是最好的。罗戴尔里在《堆肥大全》里描述道，园丁们“多少年来试验了无数种堆肥的方法，制订秘密图表，打造奇奇怪怪的箱子、盒子、通风管道和排水系统，而且不允许每样材料拜访的位置有一分一毫的差错。”[①]当然，你尽可以调整堆肥的各种条件，加快发酵过程，或是减少异味。但即使什么都不做，光是把厨房里剩下的废弃食物堆起来，堆肥也会发生，根本无法阻止它。发酵能让有机物分解。正是在这个过程里，落叶、动物尸体和粪便、死去的树木和植物以及任何其他的有机物都会最终归于土壤。发酵是土壤肥力的基础。

在第二章里，我曾提到过19世纪的德国化学家列贝格，他坚决反对发酵是生物过程的观点。他也正是化肥的奠基人。“我们研究了动物和其他自然肥料对于植物的作用。显然，如果人造肥料含有同样的成分，它也会对植物产生类似的作用。”[②]列贝格1845年的著作《化学及其在农业和生理学上的应用》奠定了化学肥料的理论基础。如今化肥已经成了农业活动里的基本配

---

① J·I·罗戴尔：《堆肥大全》，罗戴尔图书，1960，44页。

② 尤斯图斯·凡·列贝格：《化学与其在农业与生理学上的应用》，詹姆斯·M·坎贝尔，1845，69页。

置，它正迅速消耗着各地的土壤。发酵是一种自然的、生物的、自我生成的分解过程，它能够增加土壤肥力，滋养植物。而化肥虽然短期来看更加有效，但它会破坏土壤的自我调节功能和生态系统的生物多样性。

每次想到大规模食物生产，我都会悲伤又愤怒。大量使用化学物质的单一作物农业，经过基因改造的基本粮食作物，丑陋、非人道的动物繁育工厂，充满化学防腐剂的食品、工业副产品和包装。食物工业只是那些大公司从地球和人类身上榨取利益的很多领域之一。

在历史上，食物一直是我们和地球之间最直接和明确的纽带。但如今，食物却越来越代表着大规模生产和进攻性的市场销售。技术和大型社会组织让我们无须耕种或采摘就能获取食物。我们只要走进超市，回家把食物放进微波炉就可以了。很多人根本不知道也不关心自己的食物是从哪里来的。

社会变化

敏锐的读者可能会发现我对世界的未来相当悲观。目前地球上的很多趋势都加重了我这种感受：大规模食物生产，战争，全球变暖，物种加速灭绝，日益严重的阶级分裂，种族主义的持续存在，监狱里的人数多到不可思议，高科技军事和社会控制、消费主义似乎变成了爱国义务，无聊又庸俗的电视节目越来越多，所有这些都让我日益悲观。

但我相信，目前这股潮流不可能永远持续下去。我认为这是不可能的。人类社会里永远会有追求自由的革命火种，希望永远存在，就算它们暂时休眠了或是还在睡梦里，但它们就像菌种一样，只要有合适的条件，就随时能再次繁殖、茁壮成长和变化。

社会变化是另一种形式的发酵。想法在四处传播、变异的过程里发酵，并激发变革活动。《牛津英语词典》里发酵的第二种定义是："或情绪或激情所激发的状态……一种往往能带来更加纯粹、健康和稳定环境的状态。""发酵"（Ferment）这个词来自拉丁语Fervere，意思是"煮沸"。"热情"（Fervor）和"热切"（Fervent）都来自同一词根。液体在发酵时会冒泡，正如沸腾时一样。兴奋的人们会产生同样的张力，并且用它来创造变化。

虽然发酵是一种变化现象，但这个变化过程是温和、缓慢和持续的。你可以把发酵跟另一种变化性的自然现象"火"做对比。在写这部书的过程里，我经历了三场戏剧性的起火事件。第一次是我们所有人都目睹并将终生难忘的：把世贸中心大楼的钢筋结构装得粉身碎骨的飞机里冒出的巨大火球。无论我们各自如何解读"911事件"，都不会忘记最伟大的现代工程作品之一被火焰无情吞噬的场景。

两个月以后，我自己也陷入了森林火海之中。当时我正在月影拜访朋友。离他们的房子几英里时，我就闻到了烟味。这场火是被一些在万圣节恶作剧的孩子点着的。它已经燃烧了一个多星期，顺着森林一路蔓延到月影社区，眼看就要烧掉他们的房子和菜园了。这条火龙有几百英尺长，它还在缓慢往上下蔓延，留下一路被烧成灰烬的草地和燃烧的树干。我在月影的朋友已经几天没能睡觉了，他们都在忙着没日没夜地挖防火沟和修防火墙，等我赶到的时候，防火墙已经修好了，若有余烬被风刮进来，很容易就会燃起新的火苗。因此他们得时刻盯着防火墙，防止任何被吹进来的余烬死灰复燃。

有些树木在火灾里幸存下来了，但因为南部松树甲虫的入侵而死亡的松树也随时会倒下来。我们戴着头盔靠近火海，时不时就有树枝砸下来，我很好奇，如果真的有一个8英尺高的树倒在我身上，头盔能发挥作用吗？那天晚上，我们就睡在防火墙旁边，以防火苗蹿进来。我夜里惊醒了很多次，我听见树木折断的声音，我看见火苗一路往山下移动，我发现火苗是按照既定路线前进的，它不会跨过防火墙。到了第二天早晨，火龙到达了河边，火终于熄灭了。留下了满是灰烬的森林和劫后余生的人们，大家都被火焰无可抵挡、来势汹涌的力量所折服了。

然后又过了两个月，一月份某个寒冷的冬夜里，我们在肖特山最近的邻居家半夜发生了火灾。他们火炉里的余烬落在了地上，但没人察觉，于是酿成了一场不小的火灾。直到厨房里的瓶子也被点着了，发出噼里啪啦的声音，吵醒了住在厨房隔壁的客人们，大家才发现了火情。等他们醒来时，家里已经浓烟滚滚了。他们的水管当时冻住了，所以手边没有足够的水救火。幸好，大家用灭火器、地毯、被子和几大桶雪把火扑灭了。一直到几个月以后，他们还会心有余悸地惊醒，毕竟整个房子都差点化成灰烬。这场火也让我们意识到自己的渺小，从此我们在用木头取暖或者点蜡烛读书时，都会设置一个防火闹钟。火会在瞬间改变一切。

在社会变革里，火就是最具革命性最动荡的那个时刻。它可以是浪漫的，令人心生向往，也可以是可怕的，让人时刻提防，这一切都取决于你的立场。星火可以燎原，可以摧毁所到之处的一切，而它的轨迹是无可预测的。发酵则没有这么戏剧化。它不会燃烧，只是冒泡而已，而它的转化模式又如此温和、缓慢、持久。发酵是一种无法被停止的力量。它让生命循环，希望再生，绵绵不绝。

我们每个人的生命和死亡都是永不止息的生物循环的一部分，也是发酵的一部分。自然发酵永远都无处不在。拥抱它吧！利用你随手可得的物质资源和生命资源。随着微生物展示变革的魔力，你会见证发酵的奇迹，把你自己也视为变革的推动者之一，创造激荡，把变革的气泡释放到社会秩序里吧！用你的发酵食物滋养你的家人、朋友和伙伴。这些鲜活的食物跟超市货架上死气沉沉、经过工业处理的食物截然不同。你会从细菌和酵母的活动里汲取灵感，让生命也成为一场变革性的过程。

参考书目

1. 鲁斯·奥尔曼：《阿拉斯加酸面包：正宗极地饮食》，阿拉斯加西北出版社，1976。
2. 多米尼克·N·安菲提亚特罗：《开菲尔：微生物发酵的神秘饮品》，自行出版，2001。
3. 皮耶·柏萨德：《传统的未来：制作法国最常见的卡蒙贝尔奶酪的两种方法》，《食物与饮食习惯》，1991（4），183—184页。
4. 爱德华·伊思佩·布朗：《塔萨加拉面包之书（25周年纪念版本）》，香巴拉出版社，1995。
5. 斯蒂芬·哈罗德·班纳：《植物遗失的语言》，切尔西·格林出版社，2002。
6. 斯蒂芬·哈罗德·班纳：《神圣的草本啤酒》，西里斯出版社，1988。
7. 瑞奇·卡罗尔：《家庭奶酪制作》，斯托里出版社，2002。
8. 瑞奇·卡罗尔，菲利斯·霍布森：《奶酪、黄油和酸奶制作》，楼层书籍，1997。

9. 莱斯利·张伯伦:《俄罗斯美食与烹饪》,企鹅出版社,1982。

10. 芭芭拉·西莱蒂:《制作伟大的奶酪》,百灵鸟图书公司,2001。

11. 苏菲·D·科尔:《美国原始饮食》,德州大学出版社,1994。

12. 安妮玛丽·科尔宾:《食物和治疗》,拜伦庭出版社,1986。

13. 黛博拉·库尔特里普-戴维斯,英淑·拉姆齐:《韩国风味:美味的素菜》,布克出版社,1998。

14. 斯蒂芬·克雷斯维尔:《自制根汁汽水、苏打水和含气饮料》,楼层书籍,1998。

15. 威廉·塞西尔·丹皮尔:《科学史》,剑桥大学出版社,1949。

16. 帕特里斯·杜布瑞:《路易斯·巴斯德》,艾伯格·福斯特译,约翰·霍普金斯大学出版社,1998。

17. 哈米德·迪拉尔:《苏丹本土食物:非洲食品和营养研究》,牛津大学出版社,1993。

18. 瑞金多日《藏族生活与食物》,展望图书,1985。

19. 萨莉·法伦,玛丽·G·伊尼格:《营养传统:挑战政治上正确的营养和饮食的食谱(第二版)》,新潮流出版社,1999。

20. 特里·加里:《家庭酿酒的乐趣》,雅万图书,1996。

21. 杰里米·盖勒:《公元前四千年埃及的面包与啤酒》,《食物与加工方法》,1993(5),255—267页。

22. 玛德琳·帕克·格兰特:《微生物与人类发展》，莱恩哈特出版社，1953。
23. 路易斯·哈格勒，多萝西·贝茨:《新农场素食食谱》，布克出版社，1989。
24. 亨利·霍布豪斯:《变革的种子：五种改变人类历史的植物》，哈珀与罗尔出版社，1985。
25. 格瑞斯·琼斯等:《微生物探索》，查普曼与豪尔出版社，1993。
26. 所罗门·H·凯兹，弗瑞兹·梅泰格:《酿造与古代啤酒》，《考古学》，1999（7/8），24—31页。
27. 所罗门·H·凯兹，M·L·海格，L·A·瓦洛伊:《新世界的传统玉米处理技法》，《科学》，1974（184），765—769页。
28. 戴安娜·肯尼迪:《墨西哥美食》，哈珀与罗尔出版社，1986。
29. 马克·库兰斯基:《盐：世界历史》，沃克公司，2002。
30. 艾芙琳·库什:《艾芙琳·库什长寿饮食完全指南》，华纳图书，1989。
31. 弗朗西斯·摩尔·拉普:《一颗小星球上饮食》，巴尔的摩出版社，1997。
32. 布鲁诺·拉脱:《法国巴氏杀菌》，阿伦·谢里顿，约翰·劳尔译，哈佛大学出版社，1988。
33. 丹尼尔·利德，朱迪思·伯拉尼克:《只有面包：自制新鲜面包》，威廉·莫洛出版社，1993。

34. 克劳德·莱维-斯特劳斯，《蜂蜜到灰烬》，约翰·威特曼，多林·威特曼译，哈珀与罗尔出版社，1973。

35. 尤斯图斯·凡·列贝格：《化学与其在农业与生理学上的应用》，詹姆斯·M·坎贝尔，1845。

36. 雅各布·G·李普曼：《乡村生活里的细菌》，麦克米兰出版社，1908。

37. 凯特琳·S·马奇：《餐饮、女性与啤酒的效力》，《食物与加工方法》，1987（1），351—387页。

38. 林恩·马古利斯，卡林·V·施沃兹：《五王国》，W·H·弗里曼有限公司，1999。

39. 特伦斯·麦肯纳：《神之食物：寻找原始知识树》，班坦姆，1992。

40. 丹尼尔·乔特·梅斯分：《埃塞俄比亚特色美食》，埃塞俄比亚食谱企业，1994。

41. 伊拉·梅契尼科夫：《生命的延长：乐观研究》，P·查默斯·米歇尔译，G·P·普南姆的儿子们，1908。

42. 伊丽莎白·梅耶-伦施劳森：《粥：谷物、营养和被遗忘的食物处理技巧》，《食物与加工方法》，1991（5），95—120页。

43. 戴夫·米勒：《酿造世界顶级啤酒》，楼层书籍，1992。

44. 西德尼·W·敏兹：《甜味与权力：糖在近代历史上的地位》，维京，1985。

45. 比尔·莫里森：《永续农业手册：发酵与人类营养》，塔加里出版社，1993。
46. 慕斯伍德：《慕斯伍德餐馆里的星期天：传奇餐厅的厨师的民族和地方食谱》，炉边公司，1990。
47. 查理·帕帕赞恩：《家庭酿酒师伙伴》，雅万图书，1994。
48. 查理·帕帕赞恩：《家酿的全新乐趣》，雅万图书，1991。
49. 马克·潘德格拉斯特：《左手咖啡，右手世界》，贝斯克图书公司，1999。
50. 卡罗·佩特里尼，本·沃森，《慢食》编辑：《慢食：口味，传统和诚实食物的乐趣》，切尔西·格林出版社，2001。
51. 保罗·皮奇佛德：《全食疗养》，北亚特兰大出版社，1993。
52. 迈克尔·波伦：《植物的欲望：用植物的眼睛看世界》，兰登书屋，2001。
53. 彼得·莱因哈特：《杜松兄弟的面包书》，阿里斯书籍，1991。
54. 劳雷尔·罗伯逊，卡罗尔·佛林纳斯，布朗文·格佛雷：《月桂树厨房的面包书：全麦面包制作指南》，兰登书屋，1985。
55. J·I·罗戴尔编：《堆肥大全》，罗戴尔图书，1960。
56. 桑塔·尼姆巴克·萨查夫：《印度味道：印度素食食谱》，布克出版社，1996。
57. 理查德·萨纳特，保罗·舒利克，托马斯·纽马克：《生命之桥：益生菌与长寿之路》，草药自由出版社，2002。

58. 苏·舍佛德：《腌渍、装瓶和封罐：食物保存艺术与科学如何改变世界》，西蒙与舒斯特出版社，2000。

59. 万达娜·什瓦：《被偷走的收成：劫持全球食品供应》，南方出版社，2000。

60. 威廉姆·舒特里夫，青柳晶子：《味噌全书》，十速出版社，2001。

61. 威廉姆·舒特里夫，青柳晶子：《纳豆全书》，十速出版社，2001。

62. R. E. F. 史密斯，大卫·克里斯汀：《面包和盐：俄罗斯饮食的社会经济史》，剑桥大学出版社，1984。

63. 帕梅拉·斯潘塞：《为蜂蜜酒疯狂：神之甘露》，利韦林出版社，1997。

64. 基斯·斯坦克劳斯等：《本土发酵食物手册》，马塞尔·戴克乐公司，1983。

65. 乔安妮·斯捷潘尼亚克：《无奶酪食谱》，布克出版社，1994。

66. 特里·维万特：《食物保鲜：旧世界技法与菜谱》，切尔西·格林出版社，1999。

67. 艾米丽·泰克：《醋之书》，特雷斯科出版社，1996。

68. 玛格罗恩·涂尚特-萨迈特：《食物史》，安西亚·贝尔译，布莱克威尔出版社，1992。

69. 联合国粮食及农业组织：《发酵谷物：全球视角》,《农业服务简报》, 1999（138）。

70. 帕蒂·巴尔加斯，李奇·古尔：《酿制野生葡萄酒和蜂蜜酒：使用草药、水果、鲜花等食材的125种不寻常食谱》，楼层书籍，1999。

71. 维森·林恩：《俄罗斯完全食谱》，阿迪斯出版社，1982。

72. 本·沃森：《西打，爽口又甜蜜》，乡村人出版社，1999。

73. 威廉姆·沃伊思·韦佛：《酸菜在美国：宾夕法尼亚的德国食物与加工方法》，宾夕法尼亚大学出版社，1983。

74. 苏珊·S·韦德：《乳腺癌？乳腺健康！聪明女人的做法》，灰树出版社，1996。

75. 苏珊·S·韦德：《疗养智慧》，灰树出版社，1989。

76. 丹尼尔·文恩，艾伦·斯科特：《面包制作师：炉火面包与石烤炉》，切尔西·格林出版社，1999。

77. 艾德·伍德：《来自古代的世界酵母》，十速出版社，1996。

78. 劳拉·齐德里奇：《腌渍的喜悦》，哈佛大学出版社，1998。

图书在版编目（CIP）数据

发酵完全指南：风味、营养和方法 /（美）桑德尔·埃利克斯·卡茨著；魏思静译．-- 成都：四川人民出版社，2020.9（2025.2 重印）

ISBN 978-7-220-12017-6

Ⅰ．①发… Ⅱ．①桑… ②魏… Ⅲ．①发酵食品—指南 Ⅳ．① TS2-62

中国版本图书馆 CIP 数据核字 (2020) 第 185860 号

四川省版权局
著作权合同登记号
图字：21-2020-352

Wild Fermentation: The Flavor, Nutrition, and Craft of Live-Culture Foods, by Sandor Ellix Katz
Copyright (c) 2003 by SANDOR ELLIX KATZ
Ginkgo (Beijing) Book Co., Ltd. edition published by arrangement with Chelsea Green Publishing Co, White River Junction, VT, USA www.chelseagreen.com through the mediation of Beijing GW Culture Communications Co., Ltd.
本书中文简体版权归属于银杏树下（北京）图书有限责任公司

FAJIAO WANQUAN ZHINAN:FENGWEI YINGYANG HE FANGFA

发酵完全指南：风味、营养和方法

著　　者	[美] 桑德尔·埃利克斯·卡茨
译　　者	魏思静
选题策划	后浪出版公司
出版统筹	吴兴元
编辑统筹	王　頔
特约编辑	李志丹
责任编辑	石　云
装帧制造	墨白空间
营销推广	ONEBOOK
出版发行	四川人民出版社（成都三色路 238 号）
网　　址	http://www.scpph.com
E - mail	scrmcbs@sina.com
印　　刷	小森印刷（天津）有限公司
成品尺寸	143mm × 210mm
印　　张	9.25
字　　数	175 千
版　　次	2020 年 11 月第 1 版
印　　次	2025 年 2 月第 2 次
书　　号	978-7-220-12017-6
定　　价	42.00 元